4ᵉ S
2918

I0076487

LE

HARICOT A ACIDE CYANHYDRIQUE

(Phaseolus lunatus L.)

ÉTUDE HISTORIQUE, BOTANIQUE ET CHIMIQUE
NOUVEAU PROCÉDÉ POUR DÉCELER L'ACIDE CYANHYDRIQUE

PAR

L. GUIGNARD

MEMBRE DE L'INSTITUT,
DIRECTEUR DE L'ÉCOLE SUPÉRIEURE DE PHARMACIE DE PARIS

EXTRAIT DE LA *REVUE DE VITICULTURE*

PARIS
BUREAUX DE LA " REVUE DE VITICULTURE "
1, RUE LE GOFF, Vᵉ

1906

LE

HARICOT A ACIDE CYANHYDRIQUE

(Phaseolus lunatus L.*)*

4°S
2918

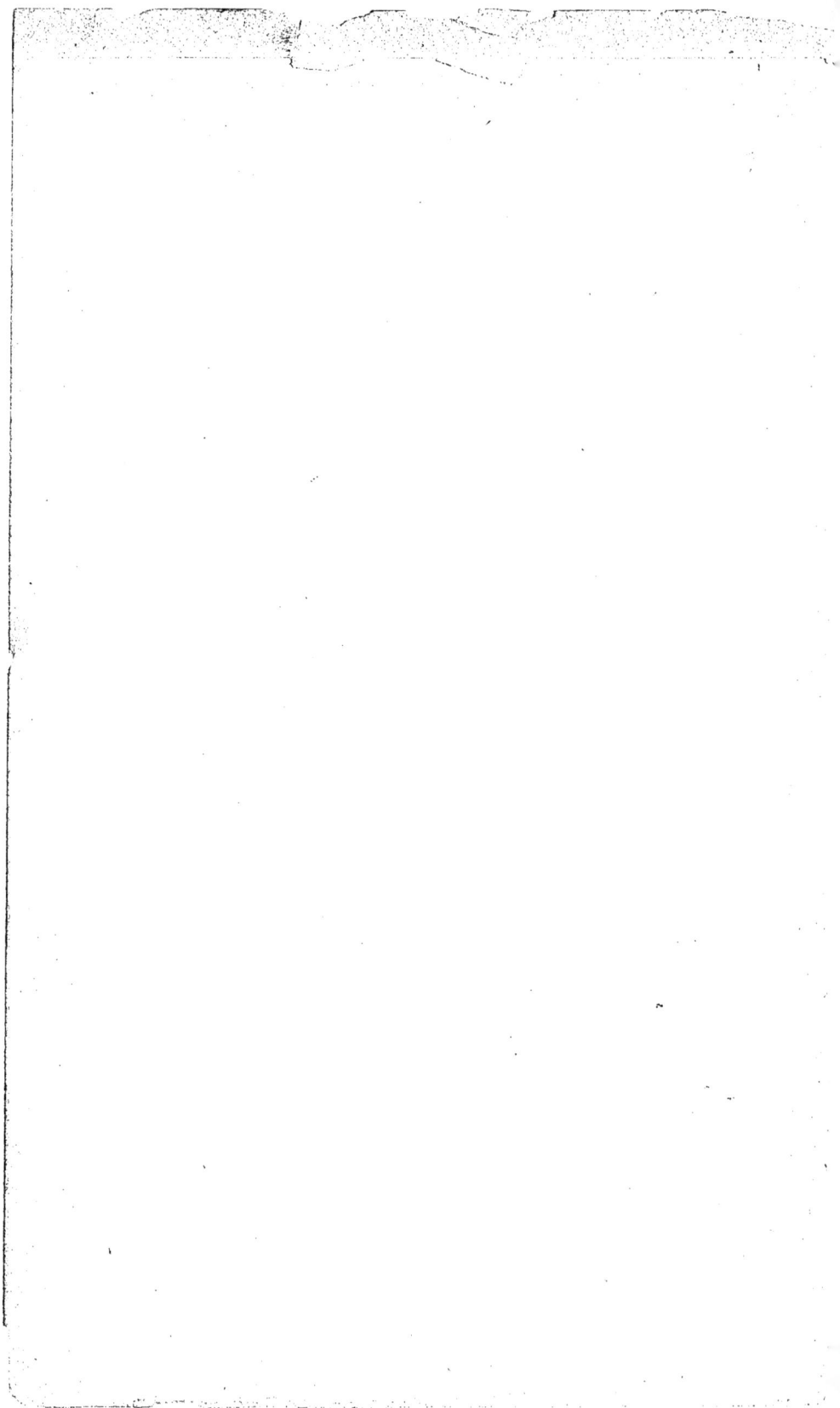

LE

HARICOT A ACIDE CYANHYDRIQUE

(*Phaseolus lunatus* L.)

ÉTUDE HISTORIQUE, BOTANIQUE ET CHIMIQUE

NOUVEAU PROCÉDÉ POUR DÉCELER L'ACIDE CYANHYDRIQUE

PAR

L. GUIGNARD

MEMBRE DE L'INSTITUT,
DIRECTEUR DE L'ÉCOLE SUPÉRIEURE DE PHARMACIE DE PARIS

EXTRAIT DE LA *REVUE DE VITICULTURE*

PARIS

BUREAUX DE LA " REVUE DE VITICULTURE "

1, RUE LE GOFF, Vᵉ

—

1906

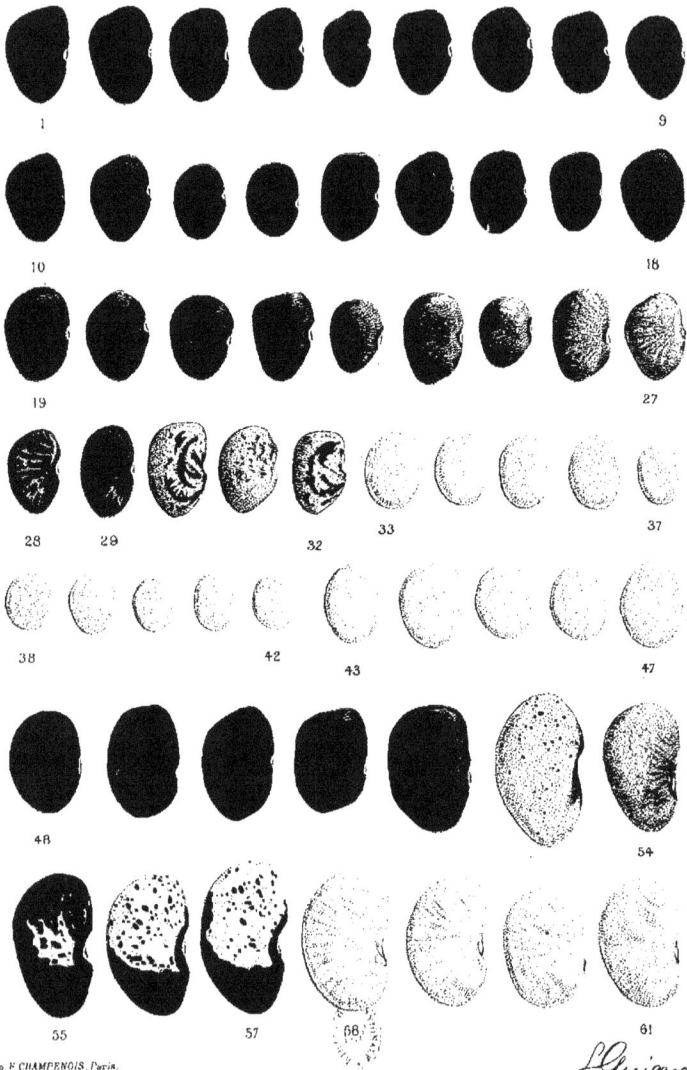

Imp. F CHAMPENOIS. Paris.

L. Guignard

Phaseolus lunatus (Variétés)

1-32: Haricots de Java colorés. _ 33-37: Id. blancs. _ 38-42: H. de Birmanie blancs ou nains de l'Inde. _ 43-47: H. de Sieva. _ 48-54: H. du Cap cultivés à Madagascar. _ 55-57: H. du Cap marbrés. _ 58-61: H. de Lima.

LE HARICOT A ACIDE CYANHYDRIQUE (¹)

(Phaseolus lunatus L.).

Etude historique, botanique et chimique.
Nouveau procédé pour déceler l'acide cyanhydrique.

I

On connaît aujourd'hui, dans la plupart des régions chaudes du globe, une espèce de Haricot, le *Phaseolus lunatus* L., dont les propriétés vénéneuses, dues à l'acide cyanhydrique, ont d'abord été remarquées dans les pays où la plante croît à l'état sauvage ou subspontané. La culture atténue ou même fait disparaître la toxicité des graines, et il existe actuellement un assez grand nombre de variétés de cette espèce qui sont employées dans l'alimentation. Mais, malgré les modifications apportées par la culture, on a vu souvent la plante occasionner des empoisonnements chez l'homme et chez les animaux. Les caractères extérieurs des graines ne permettent pas toujours à un œil peu exercé de distinguer avec certitude celles qui sont dangereuses de celles qui sont inoffensives : d'où la nécessité, surtout en Europe où elles sont encore peu connues, de se tenir en garde contre l'emploi de celles dans lesquelles il existe une proportion inquiétante de principe vénéneux. Cette nécessité s'impose d'autant plus aujourd'hui que l'an dernier, à la suite de l'importation de ces semences, des accidents mortels se sont produits, dans le Hanovre en particulier, chez l'homme et chez les animaux. Ces accidents ne sont pas les seuls qui aient été constatés, et, comme ces graines ont été introduites en France en quantités assez considérables, il est à craindre, si l'on n'y prend garde, que leur emploi dans l'alimentation des animaux, auxquels elles étaient destinées, n'ait aussi les plus fâcheuses conséquences.

C'est pourquoi, parmi les documents que j'ai eu l'occasion de réunir sur les plantes à acide cyanhydrique, dont je me suis occupé à plusieurs reprises, je crois utile, dans les circonstances actuelles, de faire connaître ceux qui concernent plus spécialement l'espèce en question, dont les dangers ont déjà été signalés, il y a quelques mois, par M. Denaiffe dans le *Journal de l'Agriculture* (2).

Bien que plusieurs auteurs aient mentionné depuis longtemps les propriétés toxiques du *Phaseolus lunatus*, les plus anciens renseignements précis, relatifs à des cas d'empoisonnement et à la nature du principe vénéneux, sont relatés dans un article de journal de la Réunion (3), auquel nous emprunterons les passages suivants :

---

(1) *N. B.* — La planche ci-jointe représente diverses variétés du *Phaseolus lunatus*, dont la description sera faite au cours de ce travail.

(2) Denaiffe. Le Haricot de Lima ou Haricot empoisonneur, *Journ. de l'Agriculture*, 25 novembre 1905.

(3) *Le Sport colonial créole du lundi*. Saint-Denis (Réunion), 18 juin 1883. Ce journal m'a été communiqué jadis par mon collègue, M. le professeur Radais.

« Il existe à la Réunion tout un groupe de Légumineuses cultivées, que la situation équivoque de la nomenclature botanique en ce point nous force de réunir sous la dénomination de *Phaseolus lunatus* (Linné). Ce sont les Pois vulgairement appelés « Pois du Cap, d'Achery, doux, amers, dragées, bombétok, et de la Nouvelle-Calédonie.

« Leur saison est précisément celle où nous venons d'entrer, et deux ou trois d'entre eux sont redevables d'une bien triste célébrité à la singulière propriété de se montrer par intermittence, ou tout à fait inoffensifs, ou cruellement vénéneux. Mais hâtons-nous d'ajouter qu'ils doivent presque tous être tenus pour suspects comme susceptibles de prendre tout à coup ce caractère à la faveur de circonstances dont les observateurs ne se sont pas encore complètement rendu compte.

« Pour notre faible part, nous avons pu constater personnellement que le sucs délétères apparaissent sûrement dans quelques-uns de ces végétaux, aussitôt qu'on les abandonne à eux-mêmes, au lieu de continuer à dompter leur naturel quinteux au moyen d'une culture persistante.

« Voici les faits sur lesquels nous basons notre assertion : Le premier exemple qu'on rencontre, en compulsant es annales du pays, de l'une de ces exterminations par le Pois amer, c'est l'empoisonnement d'une traite entière de plus de cent Cafres débarqués dans la colonie par un navire négrier du siècle dernier. Les malheureux avaient reçu pour leur ration, à l'arrivée, le produit d'une grande plantation de Pois bombétok, faite en défriché de ces temps-là, c'est-à-dire à l'état sauvage.

« De plus, on se souvient du récit lamentable venu de l'île voisine, il y a peu d'années, au sujet d'un pensionnat de jeunes filles, dont une vingtaine moururent du jour au lendemain au retour d'une promenade à la campagne, d'où elles avaient rapporté, pour s'en régaler, une cueillette de Pois d'Achery. Il est à présumer que les pauvres victimes s'étaient approvisionnées au fond de quelque ravin ou dans un champ de cannes à sucre oublié sous sa couverture de Pois.

« Telle est aussi, probablement, l'origine du repas si fatal à cette famille de la localité à peine défrichée de Jean Petit, à Saint-Joseph, dont les informations du *Courrier* nous ont parlé la semaine dernière.

« Enfin, nous voyons que la variété la plus vénéneuse de cette maudite plante est justement celle qu'on rencontre ici invariablement sauvage, sous le nom de Pois amer proprement dit, et grimpant loin de toute terre cultivée sur les taillis des ravines boisées. Là, l'espèce s'est tellement modifiée, que la forme brusquement anguleuse et la couleur rouge sang de sa graine ont donné à penser à notre ami et collaborateur, M. le Dr JACOB DE CORDEMOY, que le véritable Pois amer de Saint-Pierre est absolument distinct et propre à la partie Sous-le-Vent. Aussi bien, les chimistes ou les physiologistes apprécieront jusqu'à quel point de telles conditions de végétation peuvent faciliter, au sein des cotylédons de la plante en question, la formation des combinaisons cyaniques répandues à des degrés divers dans le reste de la famille des Légumineuses.

« C'est en effet l'acide cyanhydrique qui constitue le principe toxique contenu dans le *Phaseolus lunatus*.

« Il en fut nettement isolé, il y a plus de quarante ans, par MARCADIEU, chimiste distingué de l'école de VAUQUELIN, qui était venu habiter notre colonie en qualité de pharmacien civil à Saint-Denis. On relira toujours avec fruit le travail si parfait qu'il publia à cette occasion dans les colonnes de l'ancien journal du pays qui s'intitulait *La Feuille hebdomadaire.* »

Le travail de Marcadieu est resté inconnu de tous les auteurs qui se sont occupés ultérieurement de la plante en question (1).

Avant de signaler les cas d'empoisonnement auxquels elle a donné lieu plus récemment, ainsi que les recherches chimiques qu'ils ont provoquées, nous rappelons d'abord ce qui a trait à son histoire botanique.

II

Le *Phaseolus lunatus* de Linné se distingue du Haricot vulgaire d'Europe par sa végétation, qui dure en général deux ou trois ans sous les tropiques. La tige grimpante atteint 3 mètres de hauteur; la racine peut se renfler en tubercule. Les fleurs, groupées en grappes, sont très petites, d'un blanc verdâtre. La gousse, longue de 8 centimètres et large de 15 à 20 millimètres, est en forme de cimeterre, comprimée et terminée par un bec; elle renferme 2 à 4 graines assez aplaties, ovales ou plus ou moins réniformes (2).

Cette Légumineuse est si répandue dans les pays tropicaux et présente de telles variations, surtout au point de vue des graines, qu'on l'a décrite sans s'en douter sous plusieurs noms. Linné lui-même avait désigné, sous le nom de *Ph. inamænus*, une forme de l'espèce type, que Bentham a appelée ensuite *Ph. lunatus macrocarpus*, variété très cultivée sous le nom de Haricot de Lima ou Pois de sept ans. D'autres variétés ou races ont reçu des noms différents (*Ph. bipunctatus* Jacq., *Ph. puberulus* Humb. et Kunth, *Ph. Xuaresii* Zucc., *Ph. amazonicus* Benth., etc.).

L'origine de la plante est restée longtemps douteuse; aujourd'hui, on la considère comme américaine (3). Elle n'a jamais été trouvée à l'état sauvage en Asie; dans l'Inde, on l'appelle *French bean*, ce qui montre que la culture en est moderne. En Afrique, on la cultive à peu près partout entre les tropiques. Oliver cite beaucoup d'échantillons de Guinée et de l'Afrique intérieure. Peut-être la plante s'est-elle répandue de là vers l'Égypte et dans l'Inde. Par contre, elle est spontanée dans la région du fleuve des Amazones et du Brésil central, où l'on trouve surtout la grande forme (*macrocarpus*). Et, comme on a constaté la présence de nombreuses graines de ce Haricot dans les tombeaux péruviens, A. De Candolle pense que l'espèce est originaire du Brésil. La culture l'a propagée et peut-être naturalisée çà et là depuis longtemps dans toute l'Amérique tropicale; elle a pu être transportée en Guinée par le commerce des esclaves et, de cette côte, gagner l'intérieur du pays et la côte de Mozambique.

Une aussi vaste répartition géographique, jointe à la diversité des conditions

(1) Ce travail ne paraît d'ailleurs avoir été publié dans aucun recueil scientifique. Les recherches que le Dr Dorveaux, bibliothécaire de l'École de pharmacie, a bien voulu faire à ce sujet à la Bibliothèque nationale, où se trouve une partie seulement de la collection de l'ancienne *Feuille hebdomadaire* de la Réunion, sont restées infructueuses.

(2) Quelques auteurs ont cru que la désignation spécifique de *lunatus* avait trait à la forme de la graine, tandis qu'elle se rapporte en réalité à celle du fruit. Il suffit, pour s'en assurer, de se reporter à la description de Linné : *leguminibus acinaciformibus sublunatis* (Sp. 1016, éd. 11), ou à celle de Bentham : *legumen valde falcatum, fere lunatum* (Flora Brasil., t. XV, Pars 1, col. 181).

Le *Ph. lunatus* a été figuré jadis par Wight, dans ses *Icones plantarum Indiæ orientalis*, vol. III, pl. 755; mais la graine ne s'y trouve pas représentée. Dans la *Flore pittoresque et médicale des Antilles* de Descourtilz, la pl. 558 comprend deux sortes de haricots, sans désignation d'espèce; l'une d'elles, avec sa racine tuberculeuse, correspond vraisemblablement au *Ph. lunatus*.

(3) A. De Candolle. *Origine des plantes cultivées*, 3e édition, 1886, p. 273.

de végétation, explique les variations considérables qu'on observe principalement dans la forme et la couleur des graines.

« A l'état sauvage, dit E. Jacob de Cordemoy dans sa *Flore de l'île de la Réunion*, les graines sont violet foncé, presque [polyédriques et très vénéneuses. La plante s'appelle alors Pois amer. Mais, sous l'influence de la culture, la forme et la couleur des semences se modifient: elles sont plus comprimées, deviennent jaunâtres, maculées de stries et de taches violettes, et, dans cet état, elles ne sont que rarement toxiques. Cette forme porte le nom vulgaire de Pois d'Achery. Une culture plus prolongée et dans les meilleures conditions détermine une nouvelle variation ; les graines s'aplatissent davantage en s'élargissant ; leur couleur tend de plus en plus vers le blanc pur. On les appelle alors Pois doux, Pois Adam, et, devenues inoffensives, elles peuvent être consommées sans crainte et ont une saveur agréable. »

Il n'en est pas moins vrai qu'elles occasionnent encore de temps en temps des accidents, et, à la Réunion, on a jugé prudent de les remplacer en grande partie par d'autres Légumineuses.

Dans les Antilles françaises, le P. Duss (1) distingue trois variétés principales, La plus commune à la Martinique est le Pois-savon ou Pois-chouche, dont les gousses n'ont que 3 à 5 centimètres de longueur sur un peu plus de 1 centimètre de largeur, et contiennent 3 à 4 graines; le *Ph. saccharatus* de Macfadien paraît en être une sous-variété. Une autre, également appelée Pois-chouche, a des gousses près d'une fois plus développées. Une troisième variété est le Pois de Saint-Martin de la Martinique, ou Pois de Sainte-Catherine de la Guadeloupe, à gousses très aplaties et encore plus grandes; elle correspond au *Ph. latisiliquus* de Macfadien.

Le *Ph. capensis* de Thunberg, qui fournit les Haricots du Cap, est certainement une variété du *Ph. lunatus*, dont les graines sont une fois plus grosses que celle de l'espèce type. Il est cultivé en Afrique, à Maurice, à la Réunion. Tandis que Jacob de Cordemoy considère les graines de cette variété comme inoffensives, le Dr Sagot (2) dit au contraire qu'elles sont parfois amères et dangereuses quand elles ont été récoltées sur la plante âgée. Peut-être faut-il distinguer plusieurs variétés améliorées par la culture. En tout cas, nous pouvons faire remarquer, dès maintenant, que ces graines nous ont fourni de l'acide cyanhydrique, parfois en proportion assez marquée.

Ce sont les Haricots du Cap que l'on cultive le plus à Madagascar (3), où ils portent les noms de *Kabaro* ou *Kamalaba*. Il en est qui figurent dans les collections de l'École de pharmacie et qui présentent un mélange de diverses couleurs (4). Les uns sont tachés et panachés de rouge sur fond blanc ou violacé, les autres entièrement blancs ; d'autres encore ont une teinte noire ou brune assez uniforme. On verra plus loin que leur teneur en principe cyanhydrique varie suivant la couleur. Ces Haricots constituent une partie de l'alimentation des indigènes dans le sud et sur la côte ouest de la grande île. On les exporte aussi de là, soit dans les régions de la côte où ils ne sont pas cultivés, telles que Majunga, Nossi-Bé, etc., soit en dehors de la colonie, à Natal, Zanzibar, la Réunion et Maurice. En 1898, Mananjary en a exporté 24.000 kilogrammes.

(1) Flore phanérogamique des Antilles françaises, *Ann. de l'Institut colonial de Marseille*, 1897, p. 213.
(2) P. Sagot. *Manuel des cultures tropicales*, 1873, p. 139.
(3) H. Jumelle. *Les cultures coloniales; plantes alimentaires*, 1901, p. 117.
(4) Ceux que M. Dybowski a eu l'obligeance de nous remettre présentaient les mêmes caractères.

Il semble de même que le *Ph. tunkinensis* de Loureiro représente seulement une autre variété du *Ph. lunatus*, cultivée en Cochinchine sous le nom de « Haricot de Baria ». On le rapporte parfois, il est vrai, au *Ph. vulgaris*. En tout cas, on ne paraît avoir signalé à sa charge aucun accident. Les graines en sont petites, blanches et ovoïdes.

Cependant, M. de Lanessan (1) distingue en Cochinchine le *Ph. tunkinensis* du *Ph. lunatus*. Ce dernier a des graines grosses, orbiculaires, réniformes, noires ou striées de blanc. Les fleurs de la plante seraient jaunes et non blanc verdâtre, caractère assigné aussi par le baron Müller (2) à une variété de *Ph. lunatus* cultivée dans l'État de Victoria, en Australie, et très productive.

Transporté, semble-t-il, de l'île Maurice dans l'Inde anglaise, où la culture en est largement répandue, le *Ph. lunatus* s'y trouve sous plusieurs variétés, parmi lesquelles on préfère celles qui donnent des graines aplaties et d'un blanc d'ivoire. Là encore, on a constaté à plusieurs reprises qu'il peut offrir des propriétés nettement toxiques (3).

III

Après cet aperçu relatif aux caractères botaniques et à la répartition géographique du *Ph. lunatus*, nous rappellerons maintenant les accidents mortels qu'il a occasionnés depuis une vingtaine d'années, et les recherches chimiques auxquelles il a donné lieu.

En 1884, A. Davidson, chimiste du gouvernement à Maurice, et Th. Stevenson, professeur de chimie médicale à l'hôpital Guy (4), publièrent l'observation de deux cas d'empoisonnement, chez un homme et une femme, par les Pois d'Achery. La mort avait eu lieu environ dix heures après l'ingestion de ces graines cuites. D'autres personnes qui en avaient mangé aussi, mais une quantité moindre, n'avaient pas succombé.

Les deux auteurs précités reconnurent que l'acide cyanhydrique était l'agent toxique, mais qu'il n'existait pas tout formé dans la graine. Ils supposèrent, avec raison, que celle-ci renferme probablement un glucoside analogue à l'amygdaline des amandes amères et un ferment, comparable à l'émulsine, susceptible de dédoubler le glucoside lorsque la graine est mise au contact de l'eau. La proportion d'acide cyanhydrique trouvée se montra très variable suivant la coloration plus ou moins accentuée de semences. La moyenne des sept analyses faites avec leur mélange donna 0^{gr}250 % d'acide cyanhydrique. Les auteurs pensèrent que, si les empoisonnements en question s'étaient manifestés beaucoup plus lentement que dans le cas où l'acide cyanhydrique ou un cyanure soluble sont absorbés en solution, c'est parce que le ferment n'avait agi que peu à peu sur le glucoside et que, peut-être, l'action de la chaleur sur les graines avait été trop peu prolongée pour le coaguler et l'empêcher d'agir sur ce composé.

On verra plus loin ce qu'il faut penser de cette manière de voir.

En 1896, au cours de nombreuses recherches sur les principes chimiques des

(1) De Lanessan. *Les plantes utiles des Colonies françaises*, 1886, p. 709,
(2) F. von Mueller. *Select Extra-Tropical Plants*, Sydney, 1881, p. 233.
(3) G. Watt. *Dictionary of the Economic Plants of the India*, VI, 1892, 186.
(4) A. Davidson et Th. Stevenson. Poisonning by Pois d'Achery. *The Practitioner*, XXXII, 1884, 435

plantes du Jardin botanique de Buitenzorg, M. Van Romburgh (1), examinant de plus près le *Ph. lunatus*, constata que les feuilles de la plante fournissent, par distillation, à la fois de l'acide prussique et de l'acétone. Mais il ne paraît pas avoir cherché à savoir quelle était l'origine de ces deux substances, ni s'être occupé spécialement de la graine.

C'est à la suite de ces observations que M. Treub, qui avait déjà commencé à étudier le rôle de l'acide cyanhydrique dans les végétaux, observa d'une façon approfondie la formation de ce corps dans la feuille du *Ph. lunatus* et sa migration dans les autres organes de la plante (2). A ce propos, il n'est pas sans intérêt de citer quelques-uns des chiffres fournis par le dosage du composé cyanique. Dans les jeunes feuilles, n'ayant atteint que le tiers ou le quart de leurs dimensions définitives, la proportion en est relativement considérable. Pour 100 parties de limbe foliaire frais, le total de l'acide cyanhydrique varie le plus souvent entre $0^{gr}150$ et $0^{gr}250$; parfois il monte jusqu'à $0^{gr}280$. Dans les feuilles adultes, le total, qui est en moyenne de $0^{gr}085$ %, dépasse rarement $0^{gr}100$. Chez les feuilles âgées, il descend à $0^{gr}030$ % et même au-dessous. Les feuilles jeunes et en pleine végétation seraient donc très dangereuses, si elles pouvaient être employées pour la nourriture des bestiaux.

Aux environs de Buitenzorg, la plante est assez fréquente, bien que rarement cultivée sur une vaste échelle; elle croît plutôt à l'état demi-sauvage. Dans nombre de cas, lorsqu'elle n'est pas cultivée comme alimentaire, on l'utilise pour les assolements.

A Maurice, l'emploi du *Ph. lunatus* comme fourrage ayant entraîné des accidents, M. Boname (3), directeur de la Station agricole, appela de nouveau l'attention, en 1900, sur la toxicité des graines déjà signalée antérieurement dans cette colonie; mais il n'ajouta rien de nouveau aux faits observés par Davidson et Stevenson, relativement au composé qui donne naissance à l'acide cyanhydrique. Il résume, en effet, ses essais dans les termes suivants : « L'acide cyanhydrique ne se forme dans les Pois d'Achery qu'au contact de l'eau et par une macération plus ou moins prolongée. Si on la porte à l'ébullition, il ne s'en produit pas. »

Plus récemment, MM. Dunstan et Henry ont été amenés à reprendre la question, à la suite de leurs intéressantes recherches sur les principes toxiques du *Lotus arabicus* et du Sorgho vulgaire. On avait remarqué, surtout en Égypte, que ces deux plantes déterminaient fréquemment des accidents chez les chameaux quand elles étaient mangées en vert ; d'autre part, personne n'ignore que, depuis un temps immémorial, les graines de Sorgho constituent un aliment inoffensif, et il en est de même pour les graines du *Lotus arabicus* ou Vesce égyptienne. Or, la toxicité des parties vertes de ces plantes est due à l'acide cyanhydrique.

MM. Dunstan et Henry (4), dont l'attention avait été attirée sur ce sujet, découvrirent dans les jeunes plants du *Lotus* un glucoside qui, sous l'influence

(1) Van Romburgh. *Verslag ontrent den Staat van's Lands Plantentuin o.*, 1898. Batavia, 1897, p. 49.
(2) M. Treub. Nouvelles recherches sur le rôle de l'acide cyanhydrique dans les plantes vertes, *Ann. du Jardin botanique de Buitenzorg*, 1905, p. 46-147.
(3) *Rapport annuel de la Station agronomique*, 1900, p. 94.
(4) R. Dunstan et T. A. Henry. Cyanogenesis in Plants. Pars I : Lotus arabicus, *Proceed. of the Roy. Society*, septembre 1901.

d'un ferment analogue à l'émulsine, se dédouble au contact de l'eau en glucose, acide cyanhydrique, et un corps particulier (lotoflavine). Ils ont donné à ce glucoside nouveau le nom de *lotusine*.

Bientôt après (1), ils retiraient du Sorgho un autre glucoside, qui se décompose également, dans les mêmes conditions, en glucose, acide cyanhydrique et parahydroxybenzaldéhyde. Ce glucoside a reçu le nom de *dhurrine* (le Sorgho vulgaire, ou Grand Millet, s'appelant en Égypte *Dhurra shirshabi*).

Ces glucosides ne se retrouvent plus dans les graines mûres ; ils disparaissent peu à peu de la plante pendant la maturation des fruits (2). Sous ce rapport, le Sorgho et le *Lotus arabicus* présentent une analogie complète avec le Sureau commun (*Sambucus nigra* L.) et le Groseillier rouge (*Ribes rubrum* L.) que j'ai étudiés récemment et dont les organes verts fournissent aussi de l'acide cyanhydrique, tandis que le glucoside générateur de cet acide n'existe plus dans les baies de Sureau, ni dans les groseilles (3).

A la suite des observations précédentes, MM. DUNSTAN et HENRY pensèrent aussi à étudier les Pois d'Achery. M. BONAME leur en envoya de Maurice une provision suffisante. Parmi ces graines, de couleurs différentes, celles qui étaient brunes ou pourpres fournirent en moyenne $0^{gr}090$ % d'acide cyanhydrique, et celles qui étaient brun clair $0^{gr}040$ %.

La recherche du glucoside permit d'isoler un composé nouveau, la *phaséolunatine*, qui se dédouble en présence de l'eau, sous l'influence de l'émulsine qui l'accompagne dans la graine, en glucose, acide cyanhydrique et acétone (4). Ces deux derniers corps, on l'a vu, avaient déjà été retirés des feuilles de la plante par VAN ROMBURGH.

Par la présence du glucoside cyanhydrique, aussi bien dans la graine que dans la feuille, le *Ph. lunatus* diffère totalement du Sorgho, du *Lotus* d'Égypte, du Sureau et du Groseillier, puisque chez ces plantes les principes cyanhydriques disparaissent à la fin de la végétation ; par contre, il ressemble aux Rosacées du groupe des Amygdalées. En outre, tandis que, chez les quatre espèces ci-dessus, la culture augmente plutôt la proportion de glucoside, elle détermine au contraire une diminution très prononcée du principe toxique du *Ph. lunatus*, puisque les graines deviennent comestibles.

Pendant que les auteurs poursuivaient leur étude chimique sur cette plante, l'Institut impérial de Londres recevait plusieurs échantillons de Haricots importés de l'Inde en Angleterre pour la nourriture du bétail sous le nom de *Haricots* ou *Fèves de Rangoon, de Burma, de Paigya* (5). La coloration de ces graines variait du brun clair au brun foncé, avec des taches pourpres ; elles présentaient,

(1) Cyanogenesis in Plants. Pars II : Sorghum vulgare, *Proceed. of the Roy. Society*, septembre 1902.

(2) Guidé par ces recherches, M. BRUNNICH, chimiste au Département de l'agriculture à Brisbane, examina les variétés de Sorgho cultivées dans le Queensland et que l'on savait aussi, depuis longtemps, dans ce pays, être toxiques pour le bétail dans de certaines conditions. Il reconnut que la quantité du principe cyanhydrique augmente dans les tiges et les feuilles jusqu'à une période voisine de la maturation, après quoi elle diminue très rapidement jusqu'à disparition totale. La culture du Sorgho sur un sol abondamment fumé avec nitrate de sodium augmente la production de ce principe dans les tiges et les feuilles. M. TREUB a constaté la même influence du nitrate sur la production du principe cyanhydrique dans le *Ph. lunatus*.

(3) L. GUIGNARD. Sur l'existence, dans le Sureau noir, d'un composé fournissant de l'acide cyanhydrique. *Compt. rend. Acad. des Sciences*, 3 juillet 1905. — Sur l'existence, dans certains Groseilliers, d'un composé fournissant de l'acide cyanhydrique. *Même recueil*, 4 septembre 1905.

(4) DUNSTAN et HENRY, Cyanogenesis in Plants. Pars III, On Phaseolunatine, the cyanogenetic Glucoside of Phaseolus lunatus. *Proceed. of the Roy. Society*, octobre 1903.

(5) *Bulletin of the Imperial Institute of the United Kingdom, the Colonies and India* (Supplément to the Board of Trade Journal), Londres, 15 octobre 1903.

sous tous les rapports, une ressemblance étroite avec celles venues de Maurice. Elles donnèrent aussi de l'acide cyanhydrique, mais en petite quantité seulement, car celle-ci ne dépassait pas habituellement $0^{gr}004$ %. Bien que la proportion d'acide prussique fût peu dangereuse, l'Institut impérial crut devoir appeler l'attention sur les dangers de leur emploi, en raison surtout des différences qui peuvent se rencontrer dans la teneur en principe vénéneux des graines de la même espèce arrivant dans le commerce.

Au mois de mars 1905, un vapeur du Lloyd de Rotterdam arrivait dans le port de cette ville avec un chargement de 4.000 balles de *Haricots* ou *Fèves de Kratok*, à destination d'Anvers. Un ouvrier du port en prit un échantillon et en envoya une partie à une famille amie composée de six personnes. Les graines furent mangées après avoir été mises à tremper la veille dans l'eau salée; celle-ci, de même que l'eau de cuisson, avait été rejetée. L'ouvrier, dont le repas avait eu lieu un peu après midi, ressentit les premiers symptômes d'un empoisonnement sept heures plus tard et mourut à onze heures trois quarts du soir. Les six autres personnes, qui avaient mangé aussi les Haricots à leur repas de midi, furent toutes malades, et trois enfants succombèrent douze heures plus tard; les trois autres personnes se rétablirent.

Les faits les plus dignes de remarque, observés dans ces quatre cas mortels par MM. ROBERTSON et WIJNNE (1), sont les suivants : 1° le sang ne présentait pas la coloration rouge caractéristique de l'empoisonnement par l'acide prussique; 1° le contenu stomacal ne renfermait pas le poison, qui fut retrouvé dans l'intestin et dans l'urine. Si l'on remarque que la mort n'a pas été foudroyante, à l'inverse de ce qui se passe avec le cyanure de potassium, on est autorisé à penser que l'acide prussique s'était développé lentement dans le canal intestinal et qu'il avait été enlevé au sang par les reins. Le contenu intestinal des enfants en renfermait respectivement 6 milligr. 7, — 4 milligr. 9, — 3 milligr. 6. Contrairement aux idées admises jusqu'ici, l'acide prussique a pu être mis en évidence treize, quatorze, et même dix-sept jours après l'autopsie (2).

Les Haricots furent identifiés avec les graines du *Ph. lunatus*. On y trouvait mélangées un petit nombre de graines de Ricin, qui n'avaient pu contribuer à l'empoisonnement. Le poids de 100 graines, les plus grosses, atteignait 54 grammes; celui de 100 graines mélangées était de 40 grammes. Leur couleur se montrait très variable : noire, violacée, brun clair avec taches blanches, jaune clair. Le dosage donna une moyenne de $0^{gr}210$ % d'acide cyanhydrique, chiffre beaucoup plus élevé que celui trouvé par MM. DUNSTAN et HENRY dans les graines les plus riches parmi celles qu'ils avaient étudiées.

MM. ROBERTSON et WIJNNE, ayant eu à leur disposition une petite quantité de Haricots cuits qui avaient occasionné les empoisonnements, trouvèrent qu'ils fournissaient encore de l'acide cyanhydrique quand, après les avoir écrasés et divisés dans l'eau, on les distillait en présence de l'acide sulfurique. La propor-

(1) A. ROBERTSON et A. J. WIJNNE. Blauwzuurwergiftiging na Gebruik van Kratokboonen, *Pharmaceutisch Weekblad voor Nederland*, 13 mai 1905. Article reproduit plus ou moins complètement dans divers recueils: *Zeitschr. fur analyt. Chemie*, 1905, p. 755; *Apoteker Zeitung*, 1905, p. 434; *Journ. Pharm. et Chim.*, t. XXII, 1905, p. 37.

(2) On admet que, pour un adulte, la dose mortelle d'acide cyanhydrique pur, anhydre, est d'environ $0^{gr}06$ à $0^{gr}07$; celle du cyanure de potassium est de $0^{gr}20$ à $0^{gr}30$. Il suffit aussi de 17 gouttes d'essence d'amandes amères ordinaire pour tuer un homme, et, avec 40 à 60 amandes amères, on obtient généralement $0^{gr}05$ à $0^{gr}07$ d'acide cyanhydrique. (KOBERT, *Lehrbuch der Intoxikationen*, 1893, p. 509 et suiv.)

tion d'acide prussique obtenue de la sorte avec les Haricots cuits fut de
0gr030 % .

Pour apprécier d'une manière plus précise l'action de la chaleur sur les Haricots
entiers, ils en firent macérer 25 grammes dans 100 centimètres cubes d'eau pendant vingt-quatre heures. L'eau de macération ayant été rejetée, les Haricots furent
mis à bouillir pendant une heure et demie dans de nouvelle eau, qui fut également rejetée. Après les avoir écrasés et placés dans un ballon avec de l'eau et
quelques gouttes d'acide sulfurique, on les soumit à la distillation ; celle-ci ne
donna que des traces d'acide cyanhydrique. Le contenu du ballon, ayant été
additionné de quelques amandes douces broyées et laissé au repos pendant
vingt-quatre heures, une seconde distillation ne fournit encore que des traces
d'acide cyanhydrique. Après neutralisation par le carbonate de soude, addition
de lait d'amandes douces et macération de vingt-quatre heures, la distillation,
en présence de quelques gouttes d'acide sulfurique, permit alors de retirer une
proportion d'acide cyanhydrique égale à 0gr090 % .

Les auteurs concluent de cette expérience que l'émulsine est mise hors d'état
d'agir, mais que le glucoside lui-même n'est pas décomposé et ne peut pas
davantage être enlevé complètement par la cuisson. Toutefois, la seconde addition de lait d'amandes douces au liquide acide neutralisé par le carbonate de soude a
entraîné le dédoublement du glucoside. Bien que le ferment soit tué à un moment donné par la chaleur et, par conséquent, n'existe plus qu'à l'état inerte
dans les graines cuites, le glucoside restant trouve apparemment dans le tube
digestif, lorsque les Haricots ont été ingérés, une diastase analogue à l'émulsine
par son action, qui détermine alors la formation de l'acide cyanhydrique.

Au commencement de l'année actuelle, MM. DAMMANN et BEHRENS (1) publiaient
le récit très détaillé d'accidents survenus dans des étables entières de chevaux,
de bêtes à cornes et de porcs, auxquels on avait donné comme nourriture des
Haricots provenant d'une maison de Hambourg et vendus sous le nom de *Haricots* ou *Fèves de Java*. Ces accidents s'étaient produits en novembre et décembre
1905, dans trois localités de la province de Hanovre : Salzhemmendorf, Mahlerten et Eddinghausen.

Dans la première de ces localités, une meunière avait donné 10 à 15 livres de
Haricots égrugés à trois vaches et plusieurs porcs. Pour les vaches, on les avait
additionnés d'eau. Peu de temps après, ces animaux se mirent à s'agiter et à
chanceler en poussant des beuglements, puis tombèrent. Un boucher, présent
par hasard, les tua. Quant aux porcs, l'un d'eux avait dû également être tué ;
les autres purent se rétablir.

A Mahlerten, les Haricots cuits à la vapeur, puis mélangés à des résidus de
distillation d'eau-de-vie de grain, furent donnés par un cultivateur à son bétail.
Après la première distribution, un bœuf présenta des symptômes suspects et
périt brusquement. Le vétérinaire constata une déchirure du diaphragme. Les
autres animaux, six à huit heures après avoir mangé, chancelaient et pouvaient
à peine se tenir debout ; ils avaient les yeux écarquillés, la bouche écumeuse, de
la diarrhée et de la tympanite.

(1) DAMMANN et BEHRENS. Massenvergiftungen von Pferden, Rindern und Schweinen durch Blau-
saurehaltige Bohnen, *Deutsche Tierärztliche Wochenschrift*, XIX Jahrg., n° 1, 6 janvier, n° 2,
13 janvier 1906.

A Eddinghausen, on avait distribué à des chevaux de labour, en parfait état de santé, 2 livres par tête et par jour, en plus de la ration habituelle, de Haricots provenant de la même source que dans le cas précédent. Les deux premiers jours, on ne remarqua aucun symptôme particulier; mais, le troisième jour, après la ration donnée le matin et à midi, les chevaux refusèrent toute alimentation dans la soirée. Trois d'entre eux furent pris d'étourdissements et chancelèrent; deux de ces animaux présentèrent, en outre, des symptômes de crampes, puis ils se rétablirent; mais le troisième périt avec des convulsions. Un cheval de fiacre, auquel on avait donné dans l'après-midi une ration de 2 à 3 livres de Haricots broyés, montra le lendemain une allure chancelante et tomba quand on voulut le mettre à la voiture; huit jours après, il n'était pas encore complètement guéri.

Les Haricots en question présentaient des colorations très variées : noire violette, brun foncé, brun clair, brun rouge, blanche, etc. Toutefois, parmi les trois échantillons examinés, il y en avait un qui se distinguait des autres par le plus grand nombre des graines noires et violettes. L'un des deux autres comprenait, pour 100 grammes du mélange : graines noires 10^{gr} 39, violettes 12^{gr} 99, brun rouge 20^{gr} 78, brun clair 15^{gr} 58, tachetées de brun, 18^{gr} 18, tachetées de blanc 12^{gr} 99, rayées de blanc 1^{gr} 3, blanches 7^{gr} 79. Le poids moyen de 100 graines était de près de 45 grammes; pour une graine des plus grosses, il s'élevait à 0^{gr} 62; pour une des plus petites, il descendait à 0^{gr} 18.

Le dosage de l'acide cyanhydrique donna, pour l'un des échantillons (celui de Salzhemmendorf), 0^{gr} 130, et pour les deux autres, 0^{gr} 112 et 0^{gr} 110 %. Comme celles étudiées par MM. ROBERTSON et WIJNNE, ces graines étaient, par conséquent, plus riches en principe cyanhydrique que les échantillons de MM. DUNSTAN et HENRY, qui n'avaient dosé que 0^{gr} 090 % d'acide cyanhydrique dans les haricots les plus colorés et 0^{gr} 040 % dans les pâles (1).

Désireux de savoir si toutes les graines appartenaient bien au *Ph. lunatus*, MM. DAMMANN et BEHRENS s'adressèrent à M. HENNING, conservateur du Jardin botanique de Berlin, qui trouva, dans l'échantillon reçu par lui quatre espèces différentes : *Ph. lunatus* (semences grosses, plates, le plus souvent brunes), *Ph. vulgaris* (différentes formes), *Dolichos* (espèce indéterminée) et *Cajanus indicus* (2). Mais, disent les auteurs, si cette détermination était exacte, toutes ces graines seraient toxiques, car, quelle qu'en fût la couleur, elles s'étaient toutes montrées vénéneuses. D'ailleurs, les noires fournissaient 0^{gr} 150 % d'acide cyanhydrique, les brunes 0^{gr} 050 %, et les blanches que l'on a souvent considérées comme dépourvues du principe cyanhydrique, 0^{gr} 011 %. MM. DAMMANN et BEHRENS semblent donc émettre des doutes sur l'exactitude de cette détermination (3).

Nous ajouterons qu'il eût été bon de faire intervenir l'examen histologique des graines, car toutes celles qui appartiennent aux variétés du *Ph. lunatus* présen-

(1) On peut s'étonner que, dans les ouvrages sur la composition des substances alimentaires où l'on trouve des analyses du *Ph. lunatus*, l'existence du principe cyanhydrique dans ce Haricot ne soit signalée nulle part. Il n'en est pas question, notamment, dans la volumineuse compilation de König, bien que l'on y mentionne des analyses de plusieurs variétés de cette plante et de deux variétés indiennes de la race du *Ph. lunatus macrocarpus* (*Chemische Zusammensetzung des Menschlichen Nahrungs- und Genussmittel*, t. I, 1893).
Dans des analyses relativement récentes de M. Balland, on trouve les résultats suivants : eau, 9,80 à 12,40; — matières azotées, 17,36 à 18,89; — matières grasses, 0,55 à 1,25; — matières amylacées, 58,50 à 62,76; — cellulose, 3,10 à 5,85; — cendres, 2,70 à 4 (*C. R. Acad. des Sciences*, 14 avril 1903).
(2) *Pharmaceutische Zeitung*, 1905, n° 102.
(3) L'erreur ne pourrait guère exister que pour le *Ph. vulgaris*, car les graines de *Dolichos* et de *Cajanus* ont des caractères extérieurs bien différents. Peut-être s'en trouvait-il seulement quelques-unes dans le mélange.

tent, comme on le verra par nos recherches personnelles, un caractère anatomique spécial.

En général, ces Haricots n'étaient mangés qu'avec répugnance et seulement en
partie par les animaux, même quand on les avait mélangés à d'autres aliments.
Pour arriver à intoxiquer une brebis, par exemple, il fallut lui faire ingérer de
force la poudre délayée dans l'eau. Une brebis de deux ans, pesant un peu plus de
40 kilos, qui avait absorbé de la sorte 1/2 livre de poudre, montra presque aussitôt
les symptômes de l'empoisonnement et succomba après vingt-cinq minutes. Une
vache, qui avait mangé 1 livre 1/2 d'un mélange composé de 3 parties de Haricots
et une partie d'Avoine en poudre, périt au bout de deux heures et demie.

Chez ces animaux, l'acide cyanhydrique a pu être isolé du contenu stomacal
et, en proportion beaucoup plus forte, du foie et de la bile ainsi que des pou-
mons. Il y a lieu de remarquer que les reins n'en renfermaient qu'une minime
quantité et que, contrairement à une opinion assez générale, l'urine n'a pas paru
en contenir. L'acide cyanhydrique a été trouvé également dans le sang.

Pour savoir s'il n'y avait pas quelque moyen de rendre les graines inoffensives, MM. DAMMANN et BEHRENS les soumirent à l'ébullition pendant cinq, dix
ou quinze minutes. Celles qui avaient été bouillies pendant quinze minutes
furent données à des porcs, après avoir été mélangées à d'autres aliments; mais
ces animaux refusèrent bientôt cette nourriture.

Comme la pulvérisation des graines cuites présentait, au dire des auteurs,
certaine difficulté (?), ils soumirent à la vapeur de l'autoclave, pendant un quart
d'heure, des graines préalablement pulvérisées. La poudre ainsi traitée fut
administrée artificiellement, à la dose de 1/2 livre et additionnée d'eau, à une
brebis de neuf mois et demi, du poids de 40 livres. L'animal périt environ une
demi-heure après la fin de l'ingestion, qui avait duré trente minutes.

L'action de la vapeur à l'autoclave n'avait donc pas rendu la poudre inoffensive.
Mais, dans ce cas, comme dans celui des graines entières soumises à l'ébullition
dans l'eau, les auteurs ne font pas connaître d'une façon précise l'influence que la
chaleur exerce, suivant les conditions, soit sur le glucoside cyanogénétique, soit
sur le ferment qui accompagne ce dernier. De même que celles de leurs prédéces-
seurs, leurs recherches sur ce point important sont tout à fait insuffisantes.

En terminant leur mémoire, les auteurs conseillent le moyen suivant, pour se
renseigner sur la qualité des graines suspectes. On prépare une macération avec
10 grammes de poudre et 35 centimètres cubes d'une solution aqueuse de chlorure
de sodium à 0^{gr} 70 % ; après douze heures, le liquide filtré est inoculé par voie sous-
cutanée, à la dose de 0^{cc}5, à une souris, qui présentera presque aussitôt les
symptômes de l'intoxication, si les graines renfermaient le principe cyanhydrique.

Mais le résultat de cette méthode expérimentale dépend de la teneur des
graines en glucoside cyanogénétique. Nous indiquerons plus loin un moyen
beaucoup plus simple et à la portée de tout le monde pour constater la présence
de ce composé, même quand il n'existe qu'en très faible proportion.

Au commencement de l'année dernière, il y eut également, en Belgique, des
accidents graves, dont la relation a été donnée par MOSSELMAN, professeur de
toxicologie à l'Ecole vétérinaire de Cureghem (1).

(1) G. MOSSELMAN. Empoisonnement de bêtes bovines par les graines de Haricot de Lima (*Phaseolus lunatus*), et recherches sur la toxicité de cette plante comestible (*Archives de médecine vétérinaire*, Bruxelles, n° 4, mars, et n° 5, avril 1906).

Un cultivateur avait acheté des *Fèves de Kratok* importées des Indes néerlandaises par Rotterdam. Après les avoir fait tremper pendant six heures dans l'eau, puis bouillir, il en donna une ration d'environ 400 grammes par tête à six bêtes dont quatre bœufs et deux génisses. Aussitôt après avoir mangé, les animaux se montrèrent très agités, se couchant et se relevant sans cesse. Moins de deux minutes après l'ingestion, l'état de trois des bœufs était devenu si alarmant que le propriétaire les fit abattre dans le but d'en tirer parti pour la boucherie; les trois autres se rétablirent.

Les graines en question présentaient des couleurs variées: noire, brune, jaune, blanche; quelques-unes étaient brunes avec des zébrures plus ou moins foncées. Les brunes et les zébrées dominaient dans le mélange.

Pour en vérifier la toxicité, MOSSELMAN donna à un taurillon de six mois 1.500 grammes de Haricots bruns, préalablement trempés dans l'eau pendant plusieurs heures, puis cuits à l'eau pendant deux heures et additionnés d'une partie de l'eau de cuisson. L'animal en mangea la plus grande partie. Après une demi-heure, il eut du vertige, de la gêne dans la station debout; bientôt il tomba sans pouvoir se relever et, deux heures après, il périt dans des convulsions générales.

A un veau de quelques mois, on donna 1.000 grammes de Haricots cuits la veille. Dix minutes après l'ingestion, il montrait du vertige, s'agitait, puis tombait en présentant des spasmes accompagnés de dyspnée; après trois quarts d'heure, il mourut également dans des convulsions. Dans ce cas, comme dans le précédent, le contenu stomacal renfermait de l'acide cyanhydrique.

Les Haricots ayant été séparés en cinq lots, correspondant aux teintes noire, brune, brun foncé, claire et blanche, chacun de ces lots fournit de l'acide cyanhydrique.

MOSSELMAN conclut de ses observations que 500 grammes de ces Haricots peuvent déterminer des accidents graves, sinon la mort, chez les bovidés. Mais il ne nous renseigne pas sur la quantité de principe toxique qu'ils renfermaient.

Des accidents analogues étaient observés, en même temps que les précédents, dans l'arrondissement de Termonde et ailleurs. Un meunier, qui avait reçu des Haricots à broyer, avait prélevé, suivant l'usage local, une partie de la mouture. Après l'avoir mélangée à de la farine de Maïs et de Seigle, il prenait de ce mélange deux pellées, qui furent données en barbotage à deux vaches. Aussitôt après l'ingestion, les deux bêtes se montrèrent malades et moururent brusquement. A l'autopsie, le contenu du rumen renfermait de l'acide cyanhydrique en proportion notable. L'analyse du mélange de farines en fournit $0^{gr}065$ %.

Chez un autre meunier, une vache et une génisse de dix-huit mois, auxquelles on avait donné respectivement 1.750 et 1.280 grammes de farine, obtenue avec les susdits Haricots et mélangés à des Navets, périrent presque soudainement. Chez un cultivateur, sur cinq bêtes bovines qui avaient reçu chacune 1.000 grammes de cette farine, trois d'entre elles, qui avaient pris toute la ration, succombèrent en moins de dix minutes. Dans ces deux cas, la farine avait été cuite.

Bien que, dans ces observations, certains points puissent laisser place au doute et manquent de précision, il n'en paraît pas moins certain, comme dans les cas relatés précédemment, que la cuisson ne prive pas entièrement les Haricots de leurs propriétés toxiques. Cette question sera étudiée d'une façon spéciale dans la suite de ce travail.

On peut aussi rappeler que, vers la fin de l'an dernier, MM. Hillkowitz et Neubauer (1) ont signalé des cas d'empoisonnement chez des porcs, dans les environs d'Aix-la-Chapelle. On les avait d'abord attribués à la strychnine ; mais les recherches faites à la Station d'essai de Bonn montrèrent qu'ils étaient dus aux graines de *Ph. lunatus.* Ces graines ont fourni, en moyenne, $0^{gr}115$ d'acide cyanhydrique %.

A la suite de la communication que j'ai cru bon de faire à la Société nationale d'Agriculture de France au commencement du mois de février, en raison des accidents qui s'étaient produits à Paris et risquaient de se renouveler, M. Lavalard, directeur de la cavalerie des Omnibus, exposa les résultats de ses observations personnelles sur l'emploi des graines dont il s'agit. Nous emprunterons à sa Note les passages suivants :

« Des offres m'ont été faites pour mettre en consommation les Haricots de Birmanie, qu'on avait appelés à tort Fèves de Birmanie. Je résistai longtemps, car les essais faits par moi pour faire entrer le Haricot indigène blanc dans la ration, il y a environ une quinzaine d'années, avaient donné de mauvais résultats, en ce sens que les chevaux refusaient absolument de le manger, quoique, dans une expérience précédente, ils l'eussent parfaitement accepté.

« Cependant, encouragé par l'exemple que donnaient d'autres Compagnies qui l'avaient admis dans leur ration, nous tentâmes un essai sur un certain nombre de chevaux qui, pendant près de quatre à cinq mois, consommèrent sans aucune répugnance et sans danger les Haricots rouges de Birmanie, décrits par M. Guignard comme un mélange de graines colorées sans graines noires ni blanches. Les résultats étaient d'autant meilleurs que la récolte de Fèves et Féveroles ayant manqué, nous pouvions ainsi faire entrer ces grains dans la ration pour les remplacer.

« L'expérience se continuait, lorsqu'un jour nous fûmes informés que les chevaux ne voulaient plus manger, que quelques-uns avaient de la diarrhée, présentaient des symptômes nerveux d'intoxication.

« Après avoir examiné toutes matières qui composaient la ration mise en distribution, nous constatâmes que les Haricots dits de Birmanie n'avaient pas tous la même forme et les mêmes couleurs que les premiers qui nous avaient été livrés et mis à l'essai.

« Eclairés par l'article de M. Denaiffe, dans le *Journal de l'Agriculture* du 25 novembre 1905, sur le Haricot de Lima ou Haricot empoisonneur, nous arrêtâmes la consommation, et nous eûmes recours à M. Guignard, qui vient de vous faire comprendre pourquoi les chevaux ont refusé les Haricots ajoutés aux premiers échantillons et qui contiennent une plus grande quantité d'acide cyanhydrique.

« On s'explique maintenant comment certains chevaux ont pu consommer sans danger des graines contenant de $0^{gr}010$ à $0^{gr}020$ %, tandis que les accidents se sont produits lorsqu'il est entré dans la ration des Haricots de Java, qui présentaient de $0^{gr}052$ à $0^{gr}102$ d'acide cyanhydrique. »

Plus récemment, en me demandant de faire sur la question un rapport au Conseil supérieur d'Hygiène, M. le Directeur de l'Assistance et de l'Hygiène

(1) G. HILLKOWITZ et H. NEUBAUER, Mondbohne (*Phaseolus lunatus*), eine giftige Bohnenart. *Deutsche Landwirtsch. Presse*, n° 76, 1905.

2

publique au Ministère de l'Intérieur me communiquait de nouveaux faits signalés par M. LEMELAND, pharmacien distingué d'Evreux et membre du Conseil d'Hygiène de l'Eure (1).

D'après les renseignements qui m'ont été obligeamment fournis par M. LEMELAND, un cultivateur de Caër, près d'Evreux, avait acheté à une maison de Paris des Haricots, qui présentent, sur l'échantillon qui m'a été envoyé, tous les caractères extérieurs de ceux de Java. Ces Haricots cuits dans une chaudière de fonte (pendant un temps qui n'a pas été indiqué) furent mélangés, à la dose de 10 litres (correspondant, au plus, à 5 litres de haricots crus, pesant sensiblement 780 grammes au litre), à la nourriture de douze porcs. Ces animaux avaient refusé de manger la farine de Haricots crue délayée dans l'eau ; quelques-uns même ne touchèrent pas aux Haricots cuits. Parmi ceux qui les avaient mangés, les uns vomirent et survécurent ; les autres, au nombre de sept, périrent. Au dire du même cultivateur, dix poules auraient été également empoisonnées par les Haricots de même provenance. Ces graines, examinées par M. LEMELAND, ont fourni, comme on le verra dans la suite de ce travail, une proportion assez élevée d'acide cyanhydrique.

Une quinzaine de jours après, des accidents semblables avaient lieu dans la Meuse, à Maison-du-Val, dans une fabrique de fromage où l'on élevait plusieurs centaines de porcs.

Depuis deux mois, les animaux étaient nourris avec un mélange de Seigle et de Haricots. Ceux-ci entraient à raison de 130 grammes par jour dans la ration de chaque porc. On faisait cuire les graines entières, à trois reprises, pendant une demi-heure chaque fois, dans une grande chaudière cylindrique, pourvue d'un robinet de vidange à l'aide duquel on rejetait l'eau des deux premières cuissons, de couleur violet sale. Le jour où l'accident arriva, la cuisson, par suite du nettoyage du générateur, n'avait eu lieu que pendant peu de temps, dans la même eau.

Les animaux prirent leur nourriture à 4 heures du soir. Les premiers symptômes de l'empoisonnement apparurent deux heures et demie après et simultanément chez une quinzaine de porcs. Comme on avait, ce jour-là, désinfecté la porcherie avec une solution de sublimé à 1/1000, on pensa d'abord à un empoisonnement par le sel mercuriel, bien que ce mode de désinfection eût été régulièrement employé sans accident depuis plusieurs années. Mais, bientôt, il devint évident que les accidents étaient dus à une autre cause et provenaient de l'ingestion des Haricots.

Les animaux présentaient des tremblements et des vomissements ; ils poussaient des cris, levaient la tête, tournaient en reculant et chancelant, puis tombaient. Une cinquantaine furent saignés dans l'espace de quelques heures, afin d'utiliser la viande. Le plus grand nombre ne parurent pas incommodés, et, parmi ceux qui avaient manifesté des symptômes inquiétants, plusieurs se rétablirent assez rapidement.

Les porcs abattus pesaient environ 100 kilos. Les viscères de deux de ces animaux ayant été envoyés dès le lendemain à l'Institut Pasteur, M. le Dr Roux eut l'obligeance de les mettre à ma disposition. Un litre de sang, battu au moment de la saignée, était joint à l'envoi.

Dans l'estomac, les Haricots étaient en menus fragments, semblables à ceux des graines égrugées. Les plus gros de ces fragments ne paraissaient avoir été

(1) *Le Courrier de l'Eure*, numéro du 24 mars 1906.

cuits que d'une façon incomplète ; ils avaient résisté partiellement à l'action du liquide gastrique, et présentaient encore, au microscope, beaucoup de grains d'amidon intacts dans leurs cellules.

Le liquide acide dont ils étaient imprégnés représentait au moins deux fois leur poids à l'état sec. Après avoir fait macérer 100 grammes de fragments dans l'eau, j'ai obtenu 0^{gr}005 d'acide cyanhydrique, soit environ 0^{gr}015 d'acide cyanhydrique pour 100 grammes de Haricots supposés secs. Deux échantillons des graines sèches, qui avaient servi de nourriture aux porcs ont donné, l'un 0^{gr}067 d'acide cyanhydrique, l'autre 0^{gr}072 % ; ils différaient entre eux par le nombre relatif des graines blanches. Par conséquent, la majeure partie du poison avait déjà disparu de l'estomac.

Le contenu de l'intestin grêle et celui du gros intestin présentaient très nettement les réactions de l'acide cyanhydrique ; mais ce corps n'existait qu'en proportion très faible et n'aurait pu être dosé facilement, le liquide obtenu par distillation après addition d'acide tartrique renfermant de l'hydrogène sulfuré.

De la vessie des deux porcs, on n'a pu retirer que 100^{cc} d'une urine claire, légèrement acide. La présence de l'acide cyanhydrique y était certaine, mais insuffisante pour le dosage.

Le sang présentait une couleur rouge violette, qui s'est conservée pendant plus de huit jours. Le papier gaïac-cuivre, suspendu dans le goulot du flacon, prit rapidement la coloration bleue. Après avoir additionné 500^{cc} de sang d'une égale quantité d'eau et ajouté 5 grammes d'acide tartrique, on obtint à la distillation par un courant de vapeur d'eau une quantité d'acide cyanhydrique égale à 0^{gr}011 par litre.

En admettant que, chez les animaux dont il s'agit, la quantité totale du sang fût voisine de 1/25 du poids du corps, comme ce poids s'élevait, d'après les renseignements fournis, à près de 100 kilos, le sang de chaque animal renfermait donc 0^{gr}044 d'acide cyanhydrique. C'était environ la moitié du chiffre total correspondant aux 130 grammes de haricots donnés par jour et par tête, si l'on suppose que ceux-ci étaient semblables aux échantillons qui nous avaient été adressés et qui fournissaient, en moyenne, 0^{gr}070 % d'acide cyanhydrique.

Pour clore cet historique, je citerai encore un cas tout récent qui m'a été signalé par deux personnes exploitant en commun une fromagerie, à Champoly, dans le département de la Loire.

On avait donné, le soir, à des porcs pesant environ 70 kilos, 160 grammes par tête de Haricots moulus et cuits, ainsi que l'eau de cuisson formant avec la farine une bouillie épaisse. Le lendemain matin, les animaux furent malades. Un seul d'entre eux consentit à manger encore une ration semblable à celle de la veille : il périt vers le soir.

Les Haricots provenaient du même fournisseur qui avait livré ceux dont il a été précédemment question. Mais les graines de cette livraison différaient beaucoup d'un sac à l'autre, et le dosage de l'acide prussique variait suivant les échantillons du simple au double. Dans certains d'entre eux, la proportion d'acide obtenu a même dépassé 3 grammes par kilogramme, chiffre beaucoup plus élevé que tous ceux qui ont été trouvés jusqu'à ce jour. Nous en reparlerons dans la dernière partie de ce travail.

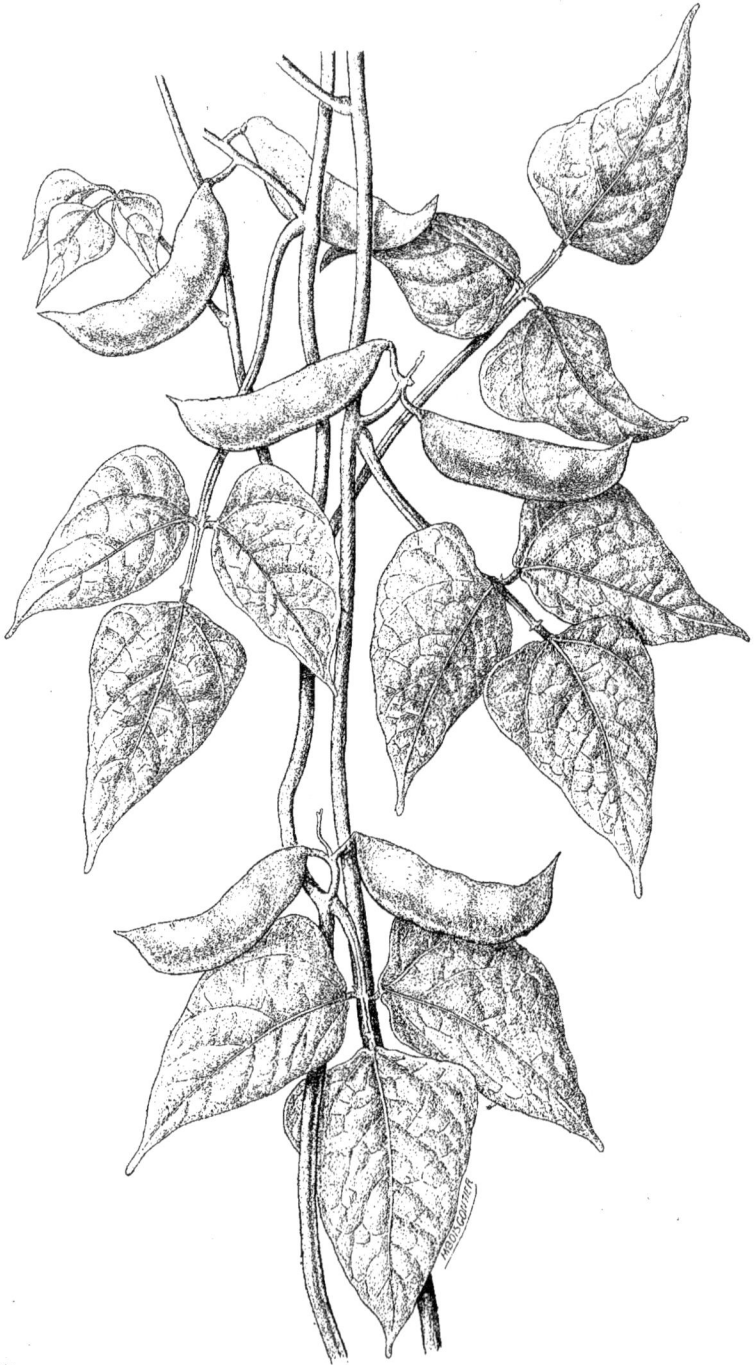

Phaseolus lunatus (¼ grandeur naturelle).

IV

Nous arrivons maintenant aux observations que nous avons faites sur d'assez nombreuses variétés du *Phaseolus lunatus*. Parmi celles-ci, les unes venaient des Indes néerlandaises et anglaises : ce sont les *Haricots de Java* et les *Haricots de Birmanie*, introduits en France par les ports du Havre et de Marseille. Les autres sont les *Haricots du Cap, de Madagascar, de Lima* et *de Sieva*, qui diffèrent beaucoup, à première vue, des précédents par leurs caractères extérieurs et représentent des variétés très améliorées par la culture et très répandues pour l'alimentation de l'homme. Nous indiquerons d'abord les caractères morphologiques de ces deux groupes de variétés.

Dans ces dernières années, nous avions prié M. TREUB de nous envoyer de Buitenzorg, en vue de recherches spéciales, des graines de *Phaseolus lunatus*. Ces Haricots, semés au Jardin botanique de l'École de pharmacie, ont parfaitement germé. La figure 1, faite d'après une photographie, montre la forme ovale acuminée des folioles, pourvues de stipelles très réduites. Ces folioles, dont les deux latérales se montrent fortement asymétriques, sont tout à fait lisses et plus courtes que le pétiole foliaire. La gousse, dont la longueur varie de 6 à 10 centimètres, est aplatie et relativement plus large que dans la plupart des variétés du Haricot vulgaire ; elle mesure en moyenne 2 centimètres de largeur et présente nettement la forme de cimeterre, qui a valu à la plante son nom spécifique (fig. 1 et 2). Elle renferme deux à quatre graines, isolées les unes des autres, et dont la forme irrégulière, sur laquelle nous appellerons plus loin l'attention, n'est pas due à une pression réciproque (1).

Grâce aux échantillons que nous avions reçus de Buitenzorg, il fut facile d'identifier sur-le-champ les

Fig. 1. — *Phaseolus lunatus*. — Partie d'une tige, d'après une photographie de la plante vivante (¹/₃ grandeur naturelle).

(1) J'ai fait greffer par M. DEMILLY, jardinier en chef de l'Ecole de pharmacie, le *Ph. lunatus* sur le *Ph. vulgaris*, et réciproquement. Les greffes ont parfaitement réussi. Les résultats de l'expérience, intéressante surtout au point de vue physiologique, seront publiés plus tard, en même temps que des observations analogues sur d'autres plantes à acide cyanhydrique.

graines introduites en France depuis quelque temps et soupçonnées d'être la cause d'accidents observés d'abord à Paris sur des chevaux. L'analyse de ces graines ne laissa aucun doute sur leur détermination.

§ 1er. — **Caractères extérieurs.** — Tels qu'ils se rencontrent dans le commerce, les *Haricots de Java* présentent des teintes très diverses, et l'on pourrait croire au premier abord à un mélange de variétés bien distinctes. Souvent, ces couleurs passent de l'une à l'autre par des degrés insensibles; nous avons fait reproduire les principales dans la planche en couleur jointe à ce travail (n°s 1-37).

On y trouve le noir pur ou légèrement violacé, le brun, le marron, le grenat plus ou moins foncé, le rouge violet carminé, le violet brun, le violet bleuâtre, l'acajou, le havane, le chamois foncé ou clair, la teinte sable ou café au lait, le blanc d'ivoire. La plupart des graines sont uniformément colorées; quelques-unes offrent de légères taches un peu plus sombres que leur teinte de fond. D'autres, en très petit nombre dans la majorité des échantillons, sont élégamment zébrées (n°s 28 et 29), avec des stries blanches qui partent du voisinage de l'ombilic et rayonnent en se ramifiant jusqu'à la ligne dorsale de la graine; leur couleur de fond est ordinairement noire, parfois aussi rougeâtre ou rosée.

Fig. 2. — *Phaseolus lunatus.* — Deux gousses presque mûres (grandeur naturelle).

D'autres encore présentent, sur un fond couleur havane ou chamois plus ou moins pâle, une marbrure due à des taches ou à des bandes continues ou interrompues, parallèles à la courbure dorsale de la graine (n°s 30-32). Sur les graines couleur havane ou chamois, ces marbrures ont ordinairement une teinte gris noirâtre ou violacée; sur celles de couleur café au lait clair, leur teinte est lilas pâle. Ces graines marbrées faisaient parfois défaut ou ne se rencontraient qu'en très petit nombre dans nos échantillons; dans quelques-uns cependant, elles formaient jusqu'à un cinquième du nombre total. Or, elles méritent une attention toute particulière, car leur nombre influe considérablement sur la quantité d'acide cyanhydrique obtenu, et l'on verra plus loin qu'elles sont de beaucoup les plus riches en principe vénéneux.

En général, toutes ou presque toutes les teintes ci-dessus mentionnées se rencontrent dans un même échantillon. Cependant, nous avons eu l'occasion de constater que, dans une livraison assez considérable faite à un éleveur, les sacs contenaient, les uns presque uniquement des graines noires, les autres des graines blanches, d'autres des graines noires mélangées à près d'un tiers de graines zébrées, d'autres encore des graines où les teintes claires étaient prédominantes. A ces différences correspondent des variations, parfois très considérables, dans la quantité d'acide cyanhydrique fournie par les divers échantillons.

Quelle qu'en soit la couleur, les graines de Java mesurent en moyenne 12 à 15 millimètres de long sur 10 millimètres de large; toutefois, les blanches ont, pour la plupart, des dimensions un peu moindres (n°ˢ 33-37). Presque toutes sont plus aplaties que les variétés du Haricot vulgaire et, contrairement à ce qui existe chez ces dernières, le côté de l'ombilic est à peu près rectiligne. Un caractère important consiste en ce que l'une des moitiés est plus large que l'autre, la plus étroite étant celle qui loge la radicule embryonnaire, dont la présence se reconnaît assez facilement à l'aspect extérieur. La moitié la plus large, au lieu d'être régulièrement convexe sur le côté dorsal, opposé à l'ombilic, se montre ordinairement plus ou moins tronquée. Par la présence de ce méplat, la graine présente une forme qui rappelle celle d'un triangle scalène à angles obtus. Ce caractère est d'autant plus apparent que les graines sont plus grosses et plus aplaties; il s'atténue dans celles qui se renflent en diminuant de grosseur. Mais, alors même qu'il a disparu, la différence de largeur des deux moitiés de la graine reste presque toujours bien manifeste. Et même, dans des variétés comestibles considérablement modifiées par la culture, telles que celles du Cap, de Madagascar, de Lima, qui ressemblent davantage, par leur forme, au Haricot vulgaire, et dont il sera question plus loin, cette inégalité se retrouve toujours chez un assez grand nombre de graines.

Le poids moyen de 100 Haricots de Java est voisin de 40 grammes; il varie suivant la proportion relative des graines de différentes teintes, mais principalement des blanches, qui sont, comme on l'a dit, pour la plupart plus petites que les graines colorées (1).

Dans presque tous les échantillons des Haricots de Java, on trouve quelques graines étrangères, en particulier des Doliques, appartenant au *Dolichos Lablab* L. (*D. benghalensis* Jacq., *Lablab vulgaris* Savi). Ces graines ovoïdes régulières, longues d'environ 1 centimètre, se reconnaissent facilement à la crête blanche semi-circulaire dont elles sont pourvues sur le côté; leur couleur peut être grise, jaunâtre, brune ou noire. On y rencontre aussi, de temps en temps, une autre espèce de graine, beaucoup plus grosse, d'une couleur gris clair, provenant du *Mucuna utilis* Wall., dont les semences, ordinairement noires, peuvent également changer de teinte. Ajoutons encore que, tels qu'ils arrivent dans le commerce, ces Haricots de Java n'ont été ni triés, ni nettoyés; un certain nombre de graines sont attaquées et rongées, d'autres racornies ou avortées.

2° — Les *Haricots de Birmanie* du commerce sont de deux sortes qui diffèrent surtout l'une de l'autre par la couleur.

A. — L'une se compose de graines offrant en majorité, sur un fond couleur acajou plus ou moins clair ou ton de bois, des stries et de petites taches violacées; quelques-unes, de teinte encore plus claire, n'ont qu'un très petit nombre de stries et de taches. On n'y rencontre pas les couleurs très foncées que pré-

(1) M. Poisson, assistant au Muséum d'histoire naturelle, a eu l'obligeance de me communiquer des spécimens de graines de *Ph. lunatus* provenant de divers pays. Les graines de la Réunion étaient presque noires et celles du Paraguay blanches, mais plus grosses que leurs similaires de Java; d'autres, récoltées à Porto-Rico, et de couleur brun rougeâtre, n'avaient guère que les dimensions d'une petite lentille.

sentent les Haricots de Java compris dans la première rangée de la planche qui accompagne ce travail.

Ces graines se distinguent aussi des Haricots de Java par leur forme moins aplatie, plus ovoïde, et par leurs dimensions moindres et plus uniformes. Elles ont en moyenne 10 à 12 millimètres de longueur sur 7 à 8 de largeur. On y remarque très nettement, entre les deux moitiés, la différence de largeur si caractéristique chez les Haricots de Java. 100 graines pèsent en moyenne 30 grammes. Ces Haricots rouges de Birmanie, ou *Fèves de Rangoon*, ne paraissent guère avoir été employés jusqu'ici que pour la nourriture des animaux et surtout des chevaux.

B. — L'autre sorte est constituée par des graines d'un blanc d'ivoire qui sont en général légèrement plus petites et aussi un peu plus renflées que les précédentes. La plupart ont une forme ovoïde, dans laquelle on retrouve pourtant l'asymétrie caractéristique des deux moitiés (1). Leur longueur dépasse rarement 10 millimètres (fig. 38-42). 100 graines pèsent environ 25 grammes.

Leur ressemblance avec les petites graines blanches de Java (fig. 37) mérite l'attention, car la substitution ou le mélange de celles-ci aux Haricots de Birmanie blancs pourrait être, en raison de la grande différence qui existe ordinairement dans la teneur en principe cyanogénétique dans l'une ou l'autre sorte, un inconvénient d'autant plus grand que les Haricots blancs de Birmanie sont très employés actuellement en France dans l'alimentation de l'homme (2), et l'on verra dans la suite de ce travail que la cuisson ne fait disparaître qu'une partie du composé vénéneux. D'après les renseignements qui nous ont été fournis par un importateur de Marseille, il est arrivé dans le port de cette ville, en 1904, 63.700 quintaux de Haricots blancs de Birmanie, sur un total de 178.155 quintaux de Haricots de provenance diverse. Les Haricots rouges de Birmanie ne représenteraient qu'une très faible partie de l'importation totale de Marseille (3); mais, depuis plusieurs années, l'Angleterre en reçoit des quantités assez considérables (4).

Voyons maintenant, par comparaison, les caractères extérieurs distinctifs des principales variétés africaines et américaines du *Phaseolus lunatus* qui fournissent des graines aussi employées que celles du Haricot vulgaire, et parfois même d'un usage presque exclusif dans un grand nombre de pays où la culture de ce Haricot ne réussit pas ou se montre beaucoup moins avantageuse. Nous avons déjà mentionné ces variétés au début de notre travail.

A. — L'une des plus caractérisées est le *Haricot du Cap marbré*, à graine très

(1) Ce caractère n'a pas été reproduit fidèlement dans la planche, sauf pour les nos 39 et 40. La même remarque s'applique aux Haricots blancs de Java (fig. 33-37), à ceux de Sieva (fig. 43-47) et de Lima (fig. 58-61).

(2) Le Haricot blanc de Birmanie se vend depuis un an en Algérie, où il est importé de Marseille et mangé surtout par les indigènes, qui le confondent avec le *Dolichos Lubia* Forsk, originaire d'Égypte, qu'ils cultivent et consomment en grand. Les Européens lui trouvent une amertume qui déplaît. Une enquête faite récemment à son sujet n'a révélé aucun accident (Renseignements fournis par M. le Dr Trabut).

(3) Parmi les échantillons de Haricots rouges de Birmanie sur lesquels on me demandait un avis, il s'en est trouvé deux dans lesquels les graines étaient mélangées à une petite quantité de Haricots de Java diversement colorés. Ceux-ci étaient reconnaissables à leurs caractères extérieurs, et le dosage de l'acide cyanhydrique confirma le diagnostic. Je n'ai pu savoir si le mélange avait eu lieu avant l'importation, ou bien, ce qui paraît beaucoup plus vraisemblable, après leur introduction en France.

(4) Des craintes s'étant manifestées au sujet des livraisons de Haricots exotiques qui pouvaient avoir été faites pour l'armée, j'ai examiné, à la demande de l'Administration de la Guerre et de celle de la Marine, divers échantillons de ces graines : tous étaient des Haricots de Birmanie blancs ou rouges.

grosse, longue de 20 à 22 millimètres, large de 14 à 15 millimètres et épais de 4 à 5 millimètres seulement (fig. 55-57). Il est remarquable par sa panachure très particulière. Une grande tache rouge vineux, plus ou moins foncée, entoure l'ombilic et recouvre entièrement l'une des extrémités du grain sur un tiers environ de sa longueur totale. Tout le reste est finement pointillé de la même couleur rouge sur fond blanc. Beaucoup de ces graines se montrent plus larges à l'une de leurs extrémités qu'à l'autre.

Cette variété a été, comme nous l'avons déjà dit, considérée comme une espèce distincte, le *Phaseolus inamœnus* L. En perdant peu à peu sa couleur et en prenant sur toute sa surface une coloration uniforme, rouge, brunâtre et même complètement noire, en même temps qu'elle diminue de grosseur, elle peut revêtir les caractères des graines de la plante sauvage. Toutes ces transitions se rencontrent, par exemple, chez la plante cultivée à Madagascar.

Quand la graine évolue vers le blanc, elle conserve encore, soit un léger pointillé rouge, soit une teinte d'un rouge vineux très pâle (fig. 53-54) ; puis la teinte rouge ne persiste plus que sous la forme d'un anneau autour de l'ombilic. Ensuite, la teinte devient complètement blanche et la nouvelle variété ressemble tout à fait au Haricot de Lima.

Par contre, lorsque la graine prend une coloration uniforme, elle présente des variations de teinte qui rappellent celles des Haricots de Java, dont elle ne se distingue alors que par des dimensions un peu plus grandes (48-52). A cet état, qui marque un retour vers la plante sauvage, nous avons trouvé comme on le verra plus loin par l'analyse qu'elle renferme, trois à quatre fois plus de principe cyanogénétique que la variété typique du Cap. Ainsi s'explique, évidemment, la remarque faite par plusieurs auteurs, cités par M. JUMELLE (1), au sujet de la nocivité présentée parfois par les graines du Cap.

B. — Le *Haricot de Lima* proprement dit (Pois de sept ans, Pois de Sainte-Catherine, etc.) est très apprécié, surtout aux Etats-Unis, comme légume d'automne. Il a fourni dans cette région au moins une quinzaine de races blanches, noires, brunes ou tachetées, qui ont été décrites dans ces dernières années par M. IRISH (2). Comme la plupart ne mûrissent qu'aux approches des premiers brouillards, on s'est appliqué à la sélection de variétés moins tardives, parmi lesquelles on distingue surtout l'*Henderson's Leviathan*, qui comprend une forme à rame, donnant des grains qui atteignent 3 centimètres de long sur 2 centimètres de large, et une forme naine, depuis quelque temps la plus répandue aux Etats-Unis. Nous avons examiné, au point de vue de la teneur en principe cyanogénétique, une douzaine de ces variétés (3).

Comme celui du Cap, le Haricot de Lima mûrit bien ses graines sous le climat de la Provence (4). Ses dimensions moyennes sont à peu près les mêmes que celles du Haricot du Cap marbré. Presque régulièrement réniforme, il offre cependant encore, chez quelques-unes de ces graines, une extrémité plus large que l'autre. Sur ses deux faces planes, on remarque des stries ou des rides qui rayonnent de l'ombilic vers le dos, où elles deviennent plus apparentes (fig. 58-61). Dans 100 grammes de cette variété, on compte seulement, en moyenne, 90 graines.

(1) *Les cultures coloniales; plantes alimentaires*, 1901, p. 117.
(2) H. C. IRISH, *Garden Beans cultivated as esculents* (Missouri Botanical Garden ; 1901, p. 81).
(3) Nous les avons reçues de Philadelphie par l'entremise de la maison Vilmorin-Andrieux.
(4) La maison VILMORIN-ANDRIEUX l'y cultive pour l'exportation des graines.

C. — Le *Haricot de Sieva*, ou petit Lima (Fève plate créole de la Nouvelle-Orléans), est ordinairement blanc ; mais on en connaît aussi une variété à grains panachés de rouge et une autre à grains noirs ou panachés de noir. Sa forme, très aplatie, est celle du Haricot de Lima, dont il se distingue par des dimensions beaucoup plus faibles ; il ne dépasse guère, en effet, 15 millimètres de long sur 8 à 9 millimètres de large, avec une épaisseur de 4 millimètres (fig. 43-47). Il offre également des stries bien apparentes sur ses faces planes, principalement au voisinage de sa courbure dorsale. En outre, on voit plus fréquemment réapparaître ici l'inégalité de largeur des deux moitiés du grain. Dans 100 grammes de ce Haricot, on compte environ 220 grains (1).

En somme, ces différentes sortes de Haricots ne sont que des variétés de *Phaseolus lunatus* modifiées et considérablement améliorées par la culture. A part certaines graines de Madagascar, elles ne renferment plus qu'une quantité négligeable, au point de vue alimentaire, du principe vénéneux (2). Toutefois, j'ai constaté que, s'il ne s'y rencontre parfois qu'à l'état de traces, il ne fait pourtant défaut dans aucune variété cultivée : c'est le critérium de leur parenté et de leur origine commune.

§ 2. — **Caractères anatomiques.** — Il n'est pas sans intérêt de savoir si la structure anatomique peut présenter quelque caractère distinctif entre les graines du *Ph. lunatus* et celles du *Ph. vulgaris*. L'observation montre qu'il existe effectivement, entre les deux espèces et leurs nombreuses variétés, une différence essentielle dans la structure de l'enveloppe de la graine.

Chez toutes les espèces de Haricots, le tégument séminal présente à l'extérieur une assise épidermique essentiellement protectrice, formée de cellules prismatiques en palissade, très allongées perpendiculairement à la surface et fortement sclérifiées,

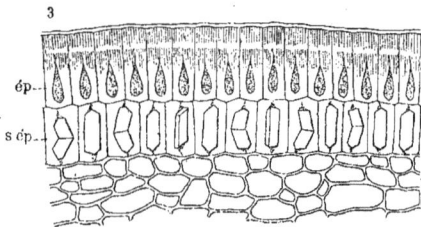

Fig. 3. — *Phaseolus vulgaris.* — Coupe du tégument de la graine du Flageolet : *ép.*, assise épidermique fortement sclérifiée ; *sép.*, assise sous-épidermique dont chaque cellule renferme un cristal isolé ou deux cristaux accolés d'oxalate de calcium. Gr. 250.

n'offrant plus qu'une cavité cellulaire considérablement réduite et refoulée vers le bas (fig. 3). Immédiatement au-dessous de l'épiderme, se trouve une assise spéciale, dont les caractères peuvent varier suivant les espèces comprises dans le genre *Phaseolus*, mais fournissent toujours une distinction facile entre les variétés du *Ph. vulgaris* et celles du *Ph. lunatus*.

Chez les premières, les cellules de cette assise sous-épidermique sont également prismatiques, mais plus courtes et en même temps plus larges que celles de l'assise épidermique. Dans chacune d'elles, il existe un cristal d'oxalate de

---

(1) Dans ces derniers temps, la Société d'horticulture d'Alger a essayé, mais sans succès, de propager une variété à gros grains blancs rapportés de Madagascar. Sur les conseils de M. le Dr TRABUT, directeur du service botanique du Gouvernement de l'Algérie, le Haricot de Lima nain ou de Sieva, très fertile, commence à être cultivé dans la colonie.

(2) Remarquons, à ce propos, que M. DENAIFFE, ainsi que MOSSELMAN, ont eu tort de qualifier « d'empoisonneur » le Haricot de Lima, puisque c'était le Haricot de Java qui était incriminé.

calcium unique, ou deux cristaux soudés obliquement bout à bout et comme enchâssés dans les membranes cellulaires considérablement épaissies. Aux extrémités des cristaux, on n'aperçoit plus qu'un petit amas de granulations, représentant les vertiges du protoplasme cellulaire.

Sous cette assise à cristaux, on trouve un tissu dont les cellules vides, ou à peu près, sont fortement comprimées et représentent la couche interne du tégument séminal ; dans les coupes traitées par l'eau de Javel (fig. 3 et suiv.), ces cellules apparaissent beaucoup moins aplaties que dans la graine sèche.

Fig. 4. — *Phaseolus vulgaris.* — Variété Empereur de Russie nain, avec petits cristaux. Gr. 250.

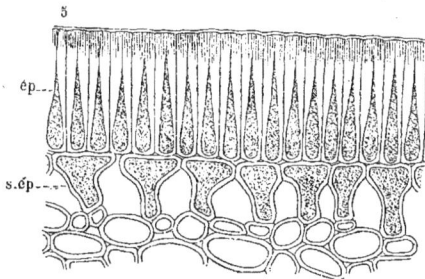

Ce qui varie dans les différentes races du Haricot vulgaire, c'est la grosseur des cristaux. Parfois ils sont fort petits, d'aspect moins régulier et situés tantôt vers le milieu de la cellule, tantôt vers le haut au voisinage de l'assise épidermique (fig. 4). Lorsque leur petitesse laisse au premier abord quelque doute sur leur nature, la lumière polarisée permet toujours de les reconnaître facilement.

En examinant une trentaine de variétés du Haricot vulgaire (1), j'ai toujours rencontré des cristaux d'oxalate de calcium dans l'assise sous-épidermique du tégument séminal ; mais on n'en trouve jamais dans la même assise chez le *Ph. lunatus* et ses variétés. Ajoutons qu'ils existent également dans le Haricot d'Espagne (*Ph. multiflorus* L.) et diverses espèces exotiques (*Ph. aconitifolius* Jacq., *Ph. Ricciardianus* Tenore, *Ph. coccineus* L., etc.).

Fig. 5. — *Phaseolus lunatus.* — Tégument séminal avec assise sous-épidermique composée de cellules en entonnoir dépourvues de cristaux. Gr. 250.

Dans les graines du *Ph. lunatus*, sauvage ou cultivé, les cellules de l'assise sous-épidermique ont des caractères tout différents. Leur forme ressemble à celle d'un entonnoir dont la pointe s'appuie sur le tissu lacuneux de la couche sous-jacente du tégument (fig. 5). Leur paroi est peu épaissie et elles laissent entre elles de grands méats. C'est surtout dans la partie du tégument voisine de l'ombilic, là où la couche interne de l'enveloppe de la graine est plus épaisse et moins écrasée que sur le reste de la surface, que la forme typique en entonnoir est la plus régulière.

(1) Mises obligeamment à ma disposition par la maison Vilmorin.
(2) G. Haberlandt, *Ueber die Entwickelungsgeschicte und über den Bau der Samenschale*

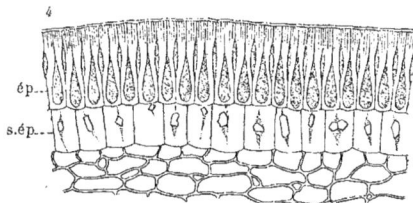

Cette structure spéciale, remarquée jadis par Haberlandt (2), se retrouve avec les mêmes caractères essentiels dans toutes les variétés du *Ph. lunatus* que j'ai examinées ; de sorte que la coupe transversale du tégument de la graine suffit pour les distinguer du Haricot vulgaire.

A ce second type de structure se rattachent la plupart des autres espèces de *Phaseolus*, qui croissent presque toutes dans les régions tropicales et surtout aux Indes, et qui ne possèdent en général que des graines plus petites que les précédentes. Dans le *Ph. Mungo* L., par exemple, dont les graines arrivent en Europe sous le nom de *Horse Beans*, l'assise spéciale qui nous occupe se compose de cellules à membranes épaisses et la forme en entonnoir fait place à la forme en sablier (fig. 6). Dans d'autres espèces, les cellules en sablier sont moins étranglées au centre (fig. 7, *Ph. diversifolius* Pers.). Parfois aussi, elles ressemblent à des colonnettes dont la base est assez étroite et mince, tandis que l'entablement se montre beaucoup plus grand et plus régulier (fig. 8, *Ph. rufus*, *Ph. velutinus*, etc.). Sur les faces latérales, la paroi s'épaissit beaucoup plus qu'aux deux extrémités ; les méats qui séparent les colonnettes les unes des autres dans leur partie médiane ont un diamètre assez uniforme.

Des caractères analogues se rencontrent dans l'assise dont il s'agit chez une douzaine d'espèces de *Phaseolus* exotiques, plus ou moins rares, et qui ne sont connues, pour la plupart,

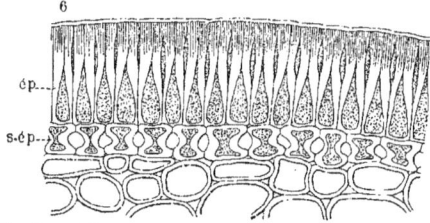

Fig. 6. — *Phaseolus Mungo.* — Assise sous-épidermique formée de cellules en sablier, à parois épaissies sur tout leur pourtour. Gr. 250.

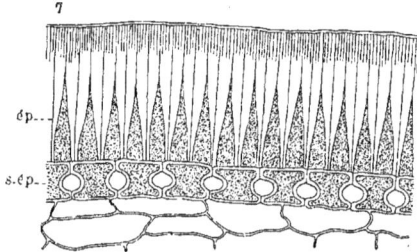

Fig. 7. — *Phaseolus diversifolius.* — Cellules en sablier moins étranglées au centre que celles de la figure précédente et à membranes plus épaisses au niveau de l'étranglement. Gr. 250.

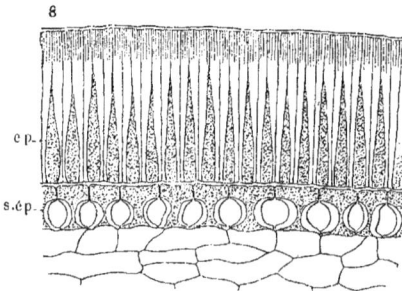

Fig. 8. — *Phaseolus rufus.* — Cellules de l'assise sous-épidermique en forme de colonnettes à sommet plus développé que la base. Gr. 250.

bei der Gattung Phaseolus (Sitzungsber der K. Akademie der Wissensch. zu Wien; LXXV, p. 1, 1877).

qu'à l'état sauvage. Comme le *Ph. lunatus*, elles se distinguent nettement de toutes les variétés du *Ph. vulgaris* par la structure de leur tégument séminal (1).

V

Dans ma note du 5 mars à l'Académie des Sciences, j'ai donné un certain nombre de chiffres indiquant les quantités d'acide cyhanhydrique fourni par les principales variétés du *Phaseolus lunatus*. Depuis lors, mes recherches se sont étendues à beaucoup d'autres échantillons, composés surtout de Haricots de Java qui m'ont été adressés à la suite des accidents qu'ils avaient occasionnés. Comme le montraient déjà les chiffres obtenus dans mes premiers dosages, la teneur de ces graines en principe cyanogénétique peut varier dans de très larges limites. Des analyses plus récentes, faites sur des échantillons prélevés dans plus de trente sacs pris au hasard dans un arrivage de ces Haricots, ont montré les mêmes variations; en outre, certains échantillons ont été trouvés beaucoup plus riches en principe toxique que tous ceux qui avaient été précédemment examinés. L'ensemble de ces dosages m'a permis de constater certaines relations entre les différentes colorations des graines et la proportion plus ou moins grande d'acide cyanhydrique qu'elles fournissent.

Une question importante, qui n'a encore été étudiée méthodiquement par aucun auteur, consiste à savoir quelle est l'action de la chaleur sur la toxicité des graines. On a bien remarqué que la cuisson des Haricots ne fait pas disparaître cette toxicité, comme le prouvent d'ailleurs les nombreux accidents survenus à la suite de l'ingestion des graines cuites; mais on n'a pas recherché dans quelles limites elle peut l'influencer. En outre, aucune donnée positive n'a été fournie jusqu'ici sur la formation de l'acide cyanhydrique dans le tube digestif.

Ce sont là les principaux points qu'il s'agit d'examiner. Mais, auparavant, il est nécessaire de préciser les conditions à remplir pour le dosage exact de l'acide cyanhydrique.

MM. Treub et van Romburgh admettent, comme on l'a vu précédemment, que, dans les organes verts de la plante vivante, l'acide cyanhydrique se trouve en partie à l'état libre ou « quasi libre », en partie sous forme de combinaison. Mais, s'il existe réellement de l'acide libre dans les organes végétatifs, il n'en est plus de même dans la graine, d'où MM. Dunstan et Henry ont retiré le glucoside auquel ils ont donné le nom de phaséolunatine.

Ce glucoside, accompagné par une diastase analogue à l'émulsine des amandes, se dédouble, en présence de l'eau, en glucose, acétone et acide cyanhydrique :

$$C^{10}H^{17}AzO^6 + H^2O = C^6H^{12}O^6 + C^3H^6O + CazH \quad (2)$$

L'enzyme qui accompagne la phaséolunatine a été isolée par MM. Dunstan et Henry en précipitant l'extrait aqueux de la graine par l'alcool. Elle dédouble non seulement la phaséolunatine, mais aussi l'amygdaline et la salicine. Comme le premier de ces glucosides est décomposé de même par l'émulsine des amandes, il en résulte que le *Ph. lunatus* renferme également de l'émulsine, sans que l'on

---

(1) Parmi ces espèces, les unes figurent dans l'herbier du Muséum et m'ont été communiquées par M. Poisson ; les autres sont cultivées à la villa Thuret par M. Poirault.

(2) D'après cette équation, 1 gr. d'acide cyanhydrique correspond à 9gr148 de phaséolunatine, et, pour 1 gr. d'acide cyanhydrique formé, il y aurait 2gr148 d'acétone.

puisse pourtant en conclure, comme on va le voir, que l'enzyme du Haricot est identique à celle des amandes.

§ 1er. — **Propriétés de l'émulsine du « Ph. lunatus ».** — Les expériences que j'avais en vue devant nécessiter l'emploi fréquent de l'émulsine, il fallait d'abord savoir si celle des amandes pouvait réellement être substituée à celle du Haricot.

Quand on fait agir, sur la phaséolunatine (1) extraite des Haricots ou sur le liquide obtenu par la cuisson de ces graines dans l'eau, soit un lait d'amandes douces, soit l'émulsine en poudre préparée avec les amandes, on constate que le glucoside du Haricot est dédoublé beaucoup moins rapidement que l'amygdaline. Il en est tout autrement avec l'émulsine du Haricot lui-même. De plus, toutes les variétés du *Ph. lunatus*, qu'elles soient riches ou pauvres en principe cyanogénétique, renferment une enzyme très active (2). Quelques-unes d'entre elles, qui ne donnent qu'une très faible quantité d'acide cyanhydrique, peuvent être employées directement, sous forme de poudre, comme source d'émulsine, sans qu'il soit besoin d'isoler le ferment par l'un des procédés auxquels on s'adresse d'ordinaire et qui ont pour conséquence d'en affaiblir les propriétés.

Tel est le cas du Haricot de Lima, dont une race naine, si j'en juge par les graines que j'avais à ma disposition, ne fournit que des traces d'acide cyanhydrique. Les races à rame du même Haricot, bien qu'elles donnent en moyenne $0^{gr}005$ % d'acide cyanhydrique, peuvent remplir le même but. Comme il suffit, en effet, dans la plupart des cas, d'employer 1 gramme de poudre, la quantité d'acide cyanhydrique fournie par cette poudre est si faible qu'il n'y a pas lieu d'en tenir compte dans les expériences.

Je me suis donc servi, avec avantage, de la poudre du Haricot de Lima, qu'il suffira de désigner, dans ce qui va suivre, sous le nom de « poudre fermentaire ».

Cependant, j'ai préparé aussi de l'émulsine avec les Haricots de Java, en traitant le liquide de macération, d'abord par une petite quantité d'acide acétique pour éliminer la majeure partie de la légumine, ensuite par l'alcool à 95°, et en lavant à l'éther le précipité desséché et pulvérisé. L'émulsine ainsi obtenue était très active.

Il ne sera pas inutile de mentionner d'abord quelques faits relatifs à l'étude de ce ferment.

A. — L'émulsine du *Ph. lunatus* se comporte à l'égard de la chaleur à peu près de la même façon que celle des amandes. Celle-ci est détruite, comme on sait, en quelques minutes, vers 72°; mais son activité s'atténue déjà sensiblement à partir de 60°.

Quelques expériences ont été faites sur l'action de la chaleur, soit avec l'émulsine préparée avec le Haricot de Java, soit avec la poudre même du Haricot de Lima (3).

(1) M. KOHN-ABREST, qui a préparé récemment ce glucoside en vue d'une étude encore inédite, a eu l'obligeance de m'en remettre une petite quantité pour mes expériences.
Note ajoutée pendant l'impression. — Les principaux résultats de cette étude viennent de paraître (*C. R. Acad. des Sciences*, 16 juillet 1906). M. KOHN-ABREST conclut à l'existence de plusieurs composés cyanogénétiques dans les Haricots de Java. Mais, aux divers points de vue qui sont envisagés dans notre travail, ces composés, très voisins les uns des autres, peuvent être confondus sans inconvénient sous la dénomination commune de phaséolunatine.
(2) Le Haricot vulgaire (*Ph. vulgaris* L.) renferme également une petite quantité d'émulsine, car si on l'emploie simplement à l'état de poudre, on dédouble la phaséolunatine et l'amygdaline. Mais son action, à dose égale, est bien inférieure à celle des différentes variétés du *Ph. lunatus.*
(3) Par suite de la très petite quantité d'acide cyanhydrique fourni par les Haricots de Lima, 1 gramme de leur poudre, comme on l'a fait remarquer ci-dessus, ne donne par elle-même, après macération dans l'eau, que des traces d'acide cyanhydrique négligeables.

Dans le premier cas, on a dissout 0^{gr}20 d'émulsine dans 25 centimètres cubes d'eau, puis chauffé le liquide dans un tube que l'on a maintenu plongé dans un bain-marie, pendant 5 minutes, à 72°. Additionné ensuite de 0^{gr}30 d'amygdaline et laissé 24 heures à 30°, le liquide ne fournissait généralement pas d'acide cyanhydrique par la distillation ; parfois cependant on obtenait des traces de bleu de Prusse. Il en était de même quand on remplaçait l'amygdaline par une décoction de Haricots de Java renfermant de la phaséolunatine.

Dans le second cas, c'est-à-dire avec la poudre même du Haricot de Lima, le pouvoir hydrolysant se conserve à une température plus élevée ; mais on s'est contenté de l'essayer sur le glucoside cyanogénétique dissous dans l'eau de cuisson des Haricots de Java. En raison des expériences que l'on se proposait de faire sur la cuisson des graines de Java, il était intéressant d'opérer avec l'enzyme dans son état naturel.

La poudre du Haricot de Lima obtenue avec le tamis n° 50, divisée, à la dose de 1 gramme, dans 50 centimètres cubes d'eau préalablement chauffée vers 72°, était portée et maintenue pendant 5 minutes dans un bain-marie à une température supérieure, la tige du thermomètre plongeant dans le liquide du tube et servant à agiter le mélange de poudre et d'eau. On ajoutait ensuite la décoction de Haricots de Java et quelques gouttes de toluène.

En général, les tubes qui avaient été chauffés à 75° donnaient lieu à la formation d'acide cyanhydrique quand on les additionnait de glucoside. Parfois aussi l'activité du ferment avait disparu. On avait donc atteint la température limite. La résistance de l'enzyme de la poudre, plus grande que celle du ferment préparé avec la graine, peut s'expliquer par les remarques suivantes.

Quoique passée au tamis n° 50 et assez fine en apparence, la poudre était formée en partie de grains d'amidon libres et de cellules brisées, en partie de petites particules composées de plusieurs cellules intactes. Celles-ci possèdent des membranes assez épaisses qui sont formées, sur presque toute la surface de la cellule, de deux couches cellulosiques séparées par une lame d'air. Pendant la maturation de la graine, la membrane primitivement unique et commune à deux cellules adjacentes, se dédouble peu à peu et l'air contenu dans les méats, qui occupent les angles des cellules, s'insinue entre les deux couches ainsi séparées. Ces interstices sont comparables à des tubes capillaires, d'où l'air ne peut être expulsé qu'avec une certaine difficulté et constitue un obstacle à la pénétration de l'eau et à son passage d'une cellule à l'autre, quand cette eau n'a pas été portée à un certain degré de température. Par conséquent, suivant que les particules de la poudre sont pénétrées plus ou moins facilement par l'eau, l'enzyme résiste plus ou moins à l'action de la chaleur. Cette résistance est naturellement plus marquée avec une poudre plus grossière ; nous l'avons constaté en employant par comparaison une poudre obtenue avec le tamis n° 35.

On verra bientôt, à propos de l'action de l'eau bouillante sur les graines entières, que, dans celles-ci, la résistance du ferment est beaucoup plus grande qu'on ne pourrait le croire au premier abord.

B. — Il existe une différence marquée entre l'émulsine des amandes et celle du Haricot, au point de vue de l'intensité de leur action sur la phaséolunatine.

1° On a soumis à l'ébullition, pendant 5 minutes, dans 200 centimètres cubes d'eau, 10 grammes de poudre de Haricots de Java (pouvant fournir 0^{gr}125 d'acide cyanhydrique ‰), afin de détruire leur enzyme.

Au liquide refroidi, de consistance d'empois clair, on a ajouté un lait fait avec 2 grammes d'amandes douces, afin de voir si le glucoside serait décomposé.

Après un séjour de 24 heures à + 30°, le liquide distillé ne donnait pas la réaction de l'acide cyanhydrique. Dans une expérience analogue, mais après un séjour de 48 heures à la même température, l'acide cyanhydrique avait commencé à se former. Avec $0^{gr}10$ d'émulsine de Merck, le résultat était le même.

Par contre, si l'on emploie 1 gramme de poudre de Haricot de Lima, tout le glucoside est décomposé après douze heures.

2° On a fait tremper dans l'eau pendant 24 heures, puis bouillir pendant 2 heures, des Haricots de Java entiers, et l'on a séparé l'eau de cuisson contenant de la phaséolunatine. Additionnée de la même poudre fermentaire, l'eau fournissait au dosage, après 12 heures seulement à 30°, $0^{gr}022$ d'acide cyanhydrique $\%$ correspondant à $0^{gr}20$ de phaséolunatine.

A 50 centimètres cubes de cette eau de cuisson, on a ajouté un lait préparé avec 2 grammes d'amandes.

Le liquide laissé à l'étuve à 30°, en présence de quelques gouttes de toluène, pendant 24 heures, n'a pas donné d'acide cyanhydrique à la distillation. Mais, après 48 heures, une expérience analogue fournissait $0^{gr}002$ $\%$ d'acide cyanhydrique.

Il résulte de là que si l'émulsine des amandes peut dédoubler la phaséolunatine, son action est beaucoup moins rapide et moins intense que celle de l'enzyme du Haricot, alors même que cette dernière n'est employée qu'en bien plus faible quantité. Au lieu de se servir, comme l'ont fait quelques auteurs dans les expériences mentionnées précédemment, de l'émulsine des amandes, il est donc beaucoup plus avantageux, sinon nécessaire, d'employer la poudre du Haricot de Lima. On peut même se demander, à ce propos, jusqu'à quel point les résultats qu'ils ont attribués à l'action de l'émulsine des amandes étaient dus à cette dernière.

C. — La richesse en émulsine n'est pas la même dans les diverses variétés du *Ph. lunatus*. Celles qui fournissent les plus grandes quantités d'acide cyanhydrique sont aussi les plus riches en ferment.

Bien que l'émulsine de ces graines agisse moins facilement sur l'amygdaline que sur la phaséolunatine, on pouvait cependant se servir de l'amygdaline pour apprécier l'activité relative des différentes variétés. Pour cette comparaison, on a employé le Haricot de Lima, dont 1 gramme de poudre ne donne, comme on l'a vu, que des traces d'acide cyanhydrique, et deux sortes de Haricots de Java, qui fournissaient pour le même poids de poudre, l'un $0^{gr}001$, l'autre $0^{gr}003$ d'acide cyanhydrique. Il suffisait donc de déduire ces chiffres de ceux que l'on obtenait en faisant agir la poudre de ces trois sortes de graines sur l'amygdaline, pour connaître dans chaque cas la quantité d'acide cyanhydrique provenant de ce glucoside et par suite celle de l'amygdaline dédoublée.

On a trouvé ainsi qu'après 24 heures à 30°, et à la dose de 1 gramme, le Haricot de Lima dédoublait $0^{gr}030$, l'un des Haricots de Java $0^{gr}041$, et l'autre $0^{gr}055$ d'amygdaline.

Comme il y a tout lieu de penser que la même relation existe dans l'activité comparée de ces différentes sortes de graines à l'égard de la phaséolunatine, il s'ensuit que l'émulsine y existe dans des proportions qui vont croissant avec la quantité du glucoside qu'elles renferment.

On voit de plus que, dans le cas actuel, comme chez les autres plantes à glucoside cyanogénétique, la quantité d'enzyme est toujours supérieure à celle qui est nécessaire à la décomposition de ce glucoside (1).

§ 2. — Action des acides forts sur le glucoside et sur l'acide cyanhydrique. — Pour décomposer ou mettre plus facilement en liberté l'acide cyanhydrique, plusieurs auteurs ont eu recours à l'acide sulfurique, sans en avoir remarqué, semble-t-il, les inconvénients. Cet acide, de même que l'acide chlorhydrique, détermine effectivement l'hydrolyse de la phaséolunatine à l'ébullition; mais l'un et l'autre peuvent entraîner en même temps, suivant les conditions, une destruction plus ou moins prononcée de l'acide cyanhydrique formé, l'hydratation de celui-ci produisant, comme on sait, du formiate d'ammonium.

Tout d'abord, on peut s'assurer que la décomposition du glucoside n'a lieu qu'avec une assez grande lenteur quand on fait agir les acides forts sur les Haricots pulvérisés et additionnés d'eau.

On a pris, par exemple, des graines qui fournissaient 0^{gr}125 d'acide cyanhydrique % . A 10 grammes de poudre, introduite dans un ballon avec 200 cc. d'eau, on ajoute soit 1, soit 5, soit 10 % (en poids) d'acide chlorhydrique ordinaire et l'on fait arriver dans le mélange un courant de vapeur d'eau, l'opération étant conduite de façon à durer environ une heure et à fournir 300 cc. de liquide distillé.

Dans le premier cas, avec 1 % d'acide chlorhydrique, le liquide distillé ne contenait pas d'acide cyanhydrique dosable; dans le second, avec 5 % d'acide chlorhydrique, il en renfermait 0^{gr}0027; dans le troisième, avec 10 % d'acide chlorhydrique, il y en avait 0^{gr}0035. Par conséquent, dans les conditions indiquées, on n'obtient qu'un faible dédoublement du glucoside, puisque les 10 grammes de la poudre employée pouvaient donner par hydrolyse complète, 0^{gr}0125 d'acide cyanhydrique.

Si l'on veut ensuite apprécier l'influence des acides forts sur un liquide où l'acide cyanhydrique a pris naissance par macération préalable de la poudre de Haricots dans l'eau, il faut avant tout connaître le moyen de doser exactement la quantité d'acide cyanhydrique que les graines peuvent fournir. Or, la chose est moins simple qu'on pourrait le croire au premier abord.

En effet, quand on veut retirer l'acide cyanhydrique de certains organes, tels que les feuilles de Laurier-cerise ou de Sureau, par exemple, il suffit de broyer les tissus de façon à permettre le contact réciproque du glucoside et du ferment en présence de l'eau, et de laisser macérer pendant un certain temps, à une température convenable, pour obtenir le dédoublement intégral du glucoside.

Il n'en va plus de même avec le Haricot. Quelles que soient la finesse de la poudre employée, la quantité d'eau ajoutée, la température et la durée de la macération, on n'obtient jamais, du premier coup, par la distillation, toute la quantité d'acide cyanhydrique que le Haricot peut fournir, parce qu'une partie du glucoside ne subit pas le dédoublement. Pour obtenir la quantité totale d'acide cyanhydrique, il faut ajouter au résidu de la première opération de l'émulsine de Haricot (c'est-

(1) Dans les amandes amères, la quantité d'amygdaline varie dans d'assez larges limites. D'après FISCHER et HARTWICH, elles peuvent en renfermer de 1^{gr}75 à 3^{gr}60 % (*Hager's Handbuch der pharmaceutischen Praxis*; 3e édition, 1903, t. I, p. 219). Avec certaines amandes amères, j'ai obtenu une quantité d'acide cyanhydrique correspondant seulement à 1^{gr}25 d'amygdaline, avec d'autres une quantité correspondant à 4^{gr}26 %. L'émulsine contenue dans 100 parties des premières dédoublait, en plus de la proportion d'amygdaline qu'elles contenaient, 4^{gr}57 de ce glucoside, et celle des secondes près de 9 grammes. La macération avait duré 24 heures à une température voisine de 20°.

3

à-dire la poudre fermentaire dont il a été question plus haut), laisser macérer et distiller une seconde fois.

Ce fait, assez inattendu, mais indéniable, sera mis en évidence et expliqué plus loin. Admettons-le, pour le moment, sans plus ample explication, et remarquons seulement que la proportion du glucoside qui échappe à l'hydrolyse, pendant la simple macération aqueuse de la graine pulvérisée, varie, dans la plupart des cas, de 1/10 à 1/7 de la quantité totale existant dans la graine.

Au premier abord, il semble que l'addition d'un acide fort à cette macération, dans laquelle la majeure partie de l'acide prussique a pris naissance sous l'influence de l'émulsine, puisse achever la décomposition du glucoside résiduel et, par suite, dégager tout l'acide cyanhydrique que la graine est susceptible de fournir.

En fait, lorsque les acides chlorhydrique ou sulfurique sont employés à dose suffisante et que leur action est assez prolongée, il y a dédoublement de la partie du glucoside non décomposée pendant la macération. Mais, en même temps, une autre action intervient, qui détruit une certaine quantité de l'acide cyanhydrique déjà formé. C'est ce que l'on constate par les expériences suivantes qui ont été faites dans des conditions semblables, mais avec des graines fournissant des proportions différentes d'acide cyanhydrique.

Dans chaque opération, on prend 20 grammes de Haricots pulvérisés et passés au tamis n° 50. La poudre, additionnée de 100 cc. d'eau distillée, est mise à macérer pendant vingt-quatre heures à 30° dans un ballon soigneusement bouché, d'une capacité de 1 litre 1/2 environ, suffisante pour que la mousse qui se formera pendant la distillation ne soit pas un obstacle. Avant la distillation par un courant de vapeur d'eau, on ajoute encore 100 cc. d'eau, afin d'éviter la formation d'un empois trop épais. Cette eau a été préalablement additionnée d'une quantité d'acide chlorhydrique ou sulfurique telle que le liquide du ballon renferme soit 1, soit 5, soit 10 % d'acide. On dirige le courant de vapeur d'eau pendant une heure et demie au moins, et de façon à recueillir environ 300 cc. de liquide distillé.

Deux lots de graines différentes ont été employées. L'un fournissait, après la macération simple, 0gr090 d'acide cyanhydrique, et, après la seconde macération en présence de poudre fermentaire 0gr012, soit au total 0gr102 d'acide cyanhydrique %. L'autre donnait, à la suite des mêmes opérations, respectivement 0gr108 et 0gr017, soit au total 0gr125 % d'acide cyanhydrique.

Voici les résultats obtenus en présence des acides chlorhydrique et sulfurique, dans les conditions ci-dessus indiquées :

I. — *Graines fournissant 0 gr. 102 CazH p. 100.*

HCl ajouté p. 100	CazH obtenu gr.	SO⁴H² ajouté p. 100	CazH obtenu gr.
1	0.068	1	0.069
5	0.072	2	0.072
10	0.064	5	0.067

II. — *Graines fournissant 0 gr. 125 CazH p. 100.*

HCl ajouté p. 100	CazH obtenu gr.	SO⁴H² ajouté p. 100	CazH obtenu gr.
1	0.086	1	0.087
5	0.088	2	0.089
10	0.073	5	0.081

Les chiffres qui précèdent montrent nettement la destruction d'une partie de l'acide cyanhydrique existant dans le liquide soumis à la distillation. Ils varient nécessairement quand l'opération est faite dans des conditions différentes; si, par exemple, la distillation est conduite plus rapidement, la quantité d'acide cyanhydrique condensée dans le même volume de liquide est plus élevée, parce que l'action de l'acide chlorhydrique a été moins prolongée.

Avec les graines du premier lot, la macération simple donnait 0^{gr}090 % d'acide cyanhydrique; l'addition de 1 % d'acide chlorhydrique fait descendre ce chiffre à 0^{gr}068. La petite quantité de glucoside résiduel, non dédoublé pendant la macération simple, n'est pas sensiblement attaquée, par suite de la faible proportion d'acide chlorhydrique ajouté, et, quand on a retiré 250 centimètres cubes à la distillation, toute trace d'acide cyanhydrique a disparu.

Mais l'addition de 5 % d'acide chlorhydrique exerce une double action : d'une part, la destruction de l'acide cyanhydrique formé dans la macération est plus prononcée; d'autre part, le glucoside résiduel est décomposé. C'est ce dernier fait qui explique que le chiffre de l'acide cyanhydrique recueilli (0^{gr}072) se trouve un peu plus élevé que dans la première expérience; il est la résultante de ces deux actions diverses.

En présence de 10 % d'acide chlorhydrique, les deux actions s'exercent également, mais la destruction de l'acide cyanhydrique s'accentue encore davantage.

Dans les deux derniers cas, on a remarqué que le liquide distillé offrait plus longtemps les réactions de l'acide cyanhydrique que dans le premier cas, parce que le glucoside résiduel ne se décompose que lentement.

Les résultats obtenus avec l'acide sulfurique sont du même ordre; mais, à poids égal, son action est plus énergique.

Il résulte de ce qui précède que l'emploi de l'acide chlorhydrique ou de l'acide sulfurique dans la distillation des liquides renfermant de l'acide cyanhydrique doit être évité. Tout au plus peut-on en ajouter quelques gouttes, comme je l'avais indiqué pour l'acide sulfurique dans mes premières recherches, afin de diminuer là mousse qui se forme à l'ébullition. Mais il vaut encore mieux s'en abstenir et prendre un ballon suffisamment grand pour n'avoir pas à redouter cet inconvénient.

§ 3.— **Extraction et dosage de l'acide cyanhydrique.** — Pour retirer l'acide cyanhydrique des graines, on les pulvérise au moulin de façon que toutes leurs parties passent au tamis n° 35. On verra plus loin pour quelle raison il n'est pas nécessaire d'obtenir une poudre plus fine.

Lorsqu'on opère sur les Haricots de Java, qui sont relativement riches en glucoside, il suffit de prendre 10 grammes de la poudre pour le dosage. Celle-ci est introduite dans un ballon d'une capacité d'au moins un litre, avec cinq fois son poids d'eau distillée; mais il n'y a aucun inconvénient à doubler la quantité d'eau. On laisse macérer, pendant 24 heures, à une température de 20 à 30°; une durée plus longue et une température plus élevée sont inutiles (1). Lorsque

(1) La macération aqueuse des graines pulvérisées m'amène à rappeler les recherches faites, il y a quelque temps, par MM. Bruyning et Van Haarst sur plusieurs espèces de *Vicia*. Ces deux auteurs ont constaté que l'on peut retirer de l'acide cyanhydrique des graines de *Vicia sativa* (plusieurs variétés), *V. canadensis*, *V. hirsula*, *V. angustifolia*. Celles du *V. sativa* en ont fourni 0^{gr}008 par kilogramme; et celles du *V. angustifolia* 0^{gr}054 (*Sur l'acide cyanhydrique*

les graines sont pauvres en glucoside, il y a lieu d'employer 20 à 25 grammes de poudre.

Avant la distillation, il convient d'ajouter encore une quantité d'eau distillée suffisante pour porter le volume du liquide à environ 200 centimètres cubes pour les 10 grammes de poudre, afin d'éviter la formation d'un empois trop consistant. On fait arriver ensuite un courant de vapeur d'eau dans le ballon même où la macération a eu lieu. La mousse qui se forme au début diminue peu à peu; elle rendrait la distillation très difficile, pour ne pas dire impossible, si l'on opérait à feu nu. Le liquide qui distille est reçu, au sortir du réfrigérant, dans un petit ballon contenant 25 à 30 centimètres cubes d'eau additionnée d'ammoniaque, l'extrémité du tube abducteur plongeant dans l'eau, afin que les vapeurs d'acide cyanhydrique qui se dégagent au début de l'opération ne puissent s'échapper.

Le courant de vapeur d'eau étant réglé de façon que la distillation dure environ trois quarts d'heure, en donnant à peu près 200 centimètres cubes de liquide, tout l'acide cyanhydrique formé pendant la macération se trouve ordinairement expulsé (1), quand on opère sur 10 grammes de graines, même riches en principe cyanogénétique.

Après des essais comparatifs de dosage avec l'iode, suivant le procédé de FORDOS et GÉLIS, employé notamment par MM. DUNSTAN et HENRY, il m'a semblé beaucoup plus simple et tout aussi exact de titrer le liquide distillé avec l'azotate d'argent, en présence d'un excès d'ammoniaque, et en employant comme indicateur l'iodure de potassium, suivant la méthode indiquée par M. DENIGÈS pour le dosage de l'eau de Laurier-cerise.

Le liquide distillé renferme assez souvent de l'hydrogène sulfuré; mais il est rare que la coloration brunâtre produite par l'azotate d'argent soit assez marquée pour gêner le dosage. Quand on a des raisons de craindre cet inconvénient, on se débarrasse de l'hydrogène sulfuré en ajoutant au liquide, préalablement additionné d'ammoniaque, quelques décigrammes de carbonate de plomb hydraté, obtenu en précipitant une solution d'azotate de plomb par le carbonate de soude; on agite pendant quelques secondes et on filtre. Par des dosages comparatifs faits avec des liquides cyanhydriques renfermant ou non

des graines du genre *Vicia*; *Recueil des travaux chimiques des Pays-Bas et de la Belgique,1899*). Mais le mode opératoire n'est pas à l'abri de toute critique, car MM. BRUYNING et VAN HAARST paraissent avoir négligé l'action hydrolysante de l'émulsine des graines. Ils distillaient, semble-t-il, sans macération préalable, la poudre en suspension dans l'eau additionnée d'acide tartrique.

D'après ces chimistes, les graines des espèces suivantes ne donnent pas l'acide cyanhydrique : *V. narbonensis, V. Cracca, V. agrigentina, V.biennis, V. disperma, V. pannonica*et *V. cassubica*. L'an dernier, j'ai constaté aussi l'absence de ce corps dans les *V. Cracca* et *V. narbonensis*, ainsi que dans les *V. fulgens, V. dumetorum* et *V. villosa*; mais le *V. macrocarpa* en a fourni 0gr30 par kilogramme.

Tout récemment, M. MALLÈVRE a communiqué à la Société nationale d'Agriculture un travail fait en commun avec M. G. BERTRAND sur des graines de plusieurs espèces de *Vicia* indéterminées, Elles ont donné 0gr765 d'acide cyanhydrique par kilogramme (*Bull. des séances de la Soc. nationale d'Agriculture de France*, 1906, n° 4, p. 348).

(1) Les dernières traces d'acide cyanhydrique sont assez longues à chasser. Pour s'assurer que le liquide qui distille n'en renferme plus, il est commode d'employer l'eau iodée à 2 0/00. Une goutte de celle-ci, ajoutée à 2 ou 3 centimètres cubes du liquide, le colore en jaune clair s'il ne contient plus d'acide cyanhydrique. Toutefois, il peut arriver que la décoloration de l'eau iodée soit due à des traces d'hydrogène sulfuré, dont la formation se remarque avec certaines graines. On peut alors recourir à la réaction si sensible de l'acide isopurpurique, qui prend naissance, comme on sait, quand on chauffe avec l'acide picrique, après avoir alcalinisé, un liquide ne renfermant qu'une quantité presque infinitésimale d'acide cyanhydrique. Bien que les sulfures alcalins donnent aussi, avec l'acide picrique, une coloration rouge due à l'acide picramique, cette cause d'erreur n'est guère à craindre dans le cas actuel, parce que la quantité d'hydrogène sulfuré qui peut exister est excessivement minime. D'ailleurs, on peut toujours mettre à profit la réaction du bleu de Prusse; mais elle ne permet pas de reconnaître aussi rapidement, ni même aussi sûrement que celle de l'acide isopurpurique, de faibles traces d'acide cyanhydrique.

de l'hydrogène sulfuré, j'ai constaté que, dans ces conditions, le sel de plomb ne retient pas sensiblement d'acide cyanhydrique. Il n'en serait plus de même si l'on ajoutait, surtout en plus grande quantité, le composé plombique dans le ballon avant la distillation.

Un fait assez surprenant au premier abord consiste, ainsi que nous l'avons déjà fait remarquer dans le précédent paragraphe, en ce que le mode opératoire qui vient d'être indiqué ne permet jamais de retirer des haricots toute la quantité d'acide cyanhydrique qu'ils peuvent fournir. Quelles que soient la quantité d'eau employée pour la macération, la durée de celle-ci et la température à laquelle elle a lieu, le résidu de la distillation donne encore de l'acide cyanhydrique quand on l'additionne d'émulsine de Haricot. Il y a donc ici quelque chose de particulier, puisque deux opérations successives sont indispensables pour la décomposition intégrale du glucoside.

Personne n'ayant encore remarqué le fait, il en résulte que les auteurs qui ont dosé l'acide cyanhydrique de ces graines par simple macération et distillation n'ont donné que des chiffres inexacts.

Avant d'en rechercher l'explication, nous commencerons par en fournir la preuve et, pour cela, nous indiquerons en premier lieu les résultats obtenus avec les graines de différentes couleurs qui entrent ordinairement, comme on l'a vu, dans le mélange des Haricots de Java.

Le mélange des graines employées fournissait en moyenne $0^{gr}115$ % d'acide cyanhydrique. Pour le dosage, on a pris 10 grammes de poudre passée au tamis n° 35, que l'on a laissé macérer dans 100 parties d'eau pendant 24 heures à 30°. Après la distillation, dans laquelle les dernières traces d'acide cyanhydrique avaient été soigneusement chassées, le contenu du ballon refroidi a été additionné de 1 gramme de poudre de Haricot de Lima et laissé encore à macérer pendant 24 heures environ; puis on a distillé de nouveau. Le ferment renfermé dans cette petite quantité de poudre ajoutée suffit toujours, et bien au delà, quelle que soit la richesse des graines en principe cyanogénétique, pour hydrolyser complètement le glucoside qui n'a pas subi le dédoublement pendant la première macération.

Le Tableau I renferme deux séries de chiffres : ceux de la première indiquent les quantités d'acide cyanhydrique fourni par la macération simple et la première distillation; ceux de la seconde représentent les proportions, toujours beaucoup moindres, que l'on obtient par l'addition de la poudre fermentaire au résidu de la première opération.

Ce que l'on peut remarquer d'abord dans ce Tableau, c'est la proportionnalité qui existe, pour les différentes sortes de graines, entre les chiffres fournis par les deux dosages successifs. Leur rapport moyen est de 6,46 ; il montre qu'après la première distillation la proportion d'acide cyanhydrique, que le résidu de cette opération peut donner encore par l'addition d'émulsine, est voisine de 15,50 % .

Ce rapport est sujet à varier suivant les graines analysées et suivant la finesse de la poudre, ainsi qu'on le voit dans le Tableau II, où sont indiqués les résultats fournis par deux échantillons différents. Le mélange qui constituait l'échantillon A donnait, en moyenne $0^{gr}130$ % d'acide cyanhydrique total ; celui de l'échantillon B en fournissait $0^{gr}290$.

Avec chaque échantillon, on a préparé une certaine quantité de poudre qui a d'abord été passée au tamis n° 35; puis on a séparé la partie qui passait au

TABLEAU I. — Acide cyanhydrique fourni par 100 parties de graines de différentes couleurs.

COULEUR DES GRAINES	I Blanche	II Noire	III Brun marron	IV Rouge violacé	V Violet bleuâtre	VI Havane uniforme	VII Havane avec stries	VIII Sable	IX Café au lait av.stries	X Zébrée	
	gr.	gr.	gr.	gr.	gr.	gr.	gr.	gr.	gr.	gr.	
Acide cyanhydrique obtenu : 1° après macération simple	0.066	0.073	0.101	0.064	0.108	0.104	0.113	0.139	0.164	0.064	
2° après addition d'émulsine	0.010	0.011	0.015	0.010	0.017	0.016	0.018	0.021	0.126	0.010	moyenne
Total	0.076	0.084	0.116	0.074	0.125	0.120	0.131	0.160	0.190	0.074	0.115
Rapport des quantités trouvées dans les deux dosages successifs	6.60	6 45	6.73	6.40	6.55	6.50	6.27	6.61	6.30	6.40	6.46

TABLEAU II

ÉCHANTILLON A.

Acide cyanhydrique fourni par 100 parties du mélange de graines à 0^{gr} 130 %

	POUDRE N° 1			POUDRE N° 2		
Macération	24 h. à 18°	24 h. à 30°	48 h. à 30°	24 h. à 18°	24 h. à 30°	48 h. à 30°
1re opération	0.120	0.117	0.114	0.105	0.108	0.104
2e opération	0.017	0.019	0.019	0.017	0.014	0.014
Totaux	0.137	0.136	0.133	0.122	0.122	0.118
Rapports moyens	6.30			7.10		

ÉCHANTILLON B.

Acide cyanhydrique fourni par 100 parties du mélange de graines à 0^{gr} 290 %

	POUDRE N° 1			POUDRE N° 2		
Macération	24 h. à 18°	24 h. à 30°	48 h. à 30°	24 h. à 18°	24 h. à 30°	48 h. à 30°
1re opération	0.278	0.275	0.270	0.259	0.245	0.246
2e opération	0.029	0.028	0.027	0.021	0.027	0.026
Totaux	0.307	0.303	0.297	0.280	0.272	0 272
Rapports moyens	9.80			10.31		

tamis n° 100. On avait donc ainsi deux poudres de finesse inégale : la première (poudre n° 1 du Tableau II) renfermait surtout un très grand nombre de particules formées de petits amas de cellules intactes ; la seconde (poudre n° 2) était constituée principalement par des grains d'amidon isolés et par les débris cellulaires qui avaient pu traverser les mailles du tamis le plus fin.

Pour les deux échantillons, la poudre n° 1, la plus grossière, a donné une quantité d'acide cyanhydrique un peu plus élevée que la poudre n° 2 la plus fine. Il semble pourtant, au premier abord, que l'on pouvait plutôt s'attendre au résultat contraire. En effet, dans la poudre n° 1, les particules sont constituées par des amas de cellules, pour la plupart intactes, et entre lesquelles il existe, comme nous l'avons fait remarquer à propos de l'action de l'eau chaude sur le pouvoir fermentaire de la poudre du Haricot de Lima, de minces lames d'air qui rendent plus difficile la pénétration de l'eau et qu'une macération prolongée, même pendant quarante-huit heures vers 40°, n'expulse en aucune façon. En outre, l'enveloppe de la graine, moins facile à réduire en poudre fine, et ne contenant pour ainsi dire pas de glucoside, doit contribuer encore, par sa présence, à diminuer le taux de l'acide cyanhydrique. Dans la poudre n° 2, au contraire, on ne rencontre presque plus de cellules intactes et les débris du tégument séminal y sont beaucoup plus rares ; par contre, les grains d'amidon s'y trouvent en proportion relativement plus élevée que dans la première poudre. Or, comme le glucoside est contenu surtout dans le protoplasme, on s'explique que la poudre la plus ténue ne soit pas aussi riche que l'autre en principe cyanogénétique ; autrement dit, les deux sortes de poudre ne renferment pas l'une et l'autre une égale quantité des mêmes éléments.

Toutefois, le degré de finesse de la poudre n'est pas sans influence sur la formation de l'acide cyanhydrique pendant la macération simple. Nous voyons, en effet, que, dans chacun des deux échantillons de graines, les rapports entre les quantités d'acide cyanhydrique, obtenu dans les deux opérations successives, sont un peu plus élevés avec la poudre n° 2 qu'avec la poudre n° 1. Ces rapports s'élèvent respectivement à 7, 10 et 10,31 dans le premier cas, tandis qu'ils ne sont que de 6,30 et 9,80 dans le second (1).

Il est facile de s'assurer que, pour un même échantillon de graines, la différence dans les quantités d'acide cyanhydrique fourni par les deux sortes de poudre est due à ce que celles-ci n'ont pas une composition identique. Pour cela, on fait d'abord une mouture que l'on passe tout entière au tamis n° 35 ; puis une partie de cette mouture est pulvérisée plus finement de façon qu'elle passe intégralement au tamis n° 100. La seconde poudre ainsi obtenue renferme nécessairement tous les éléments de la graine, y compris le tégument ; elle est par conséquent identique, comme composition, à l'autre partie de la mouture. Or, dans ces conditions, elle donne la même quantité d'acide cyanhydrique total que cette dernière.

Il s'agit maintenant de rechercher pour quelle raison, quelle que soit la finesse de la poudre, on n'obtient pas du premier coup, c'est-à-dire par la simple macération dans l'eau et la distillation, toute la quantité d'acide cyanhydrique que la graine peut fournir.

(1) Le Tableau ci-dessus montre aussi qu'il n'est pas nécessaire de prolonger la macération au delà de 24 heures à 18°. Avec une poudre passée au tamis n° 35, une macération de 12 heures seulement à 20° ou 25° est ordinairement suffisante. Après 48 heures, on remarque souvent, comme l'indiquent les chiffres du Tableau, une légère diminution dans le rendement en acide cyanhydrique.

La proportion d'émulsine renfermée dans la graine serait-elle insuffisante pour dédoubler intégralement le glucoside? En aucune façon, car, s'il en était ainsi, il suffirait d'ajouter de l'émulsine avant la première macération pour obtenir la totalité de l'acide cyanhydrique. Or, l'expérience montre que si l'on prend 10 grammes de Haricots de Java pulvérisés et qu'on les additionne d'un excès d'émulsine en employant, par exemple, 2 grammes de poudre fermentaire, le rendement en acide cyanhydrique, à la première distillation, n'est pas le moins du monde augmenté. On pouvait d'ailleurs s'attendre à ce résultat, car nous savons que les Haricots renferment toujours une quantité de ferment bien supérieure à celle qui est nécessaire au dédoublement complet de leur glucoside.

D'autre part, si l'on détruit l'émulsine en faisant bouillir les Haricots pulvérisés, pendant cinq minutes, dans vingt parties d'eau, et qu'on ajoute, après refroidissement, 1 gramme au plus de la poudre fermentaire, en laissant ensuite macérer pendant 12 à 18 heures, on retire du premier coup, par la distillation, la quantité totale d'acide cyanhydrique, ce qui prouve que le dédoublement du glucoside (ou des glucosides s'il en existe plusieurs) a été complet.

Ce résultat donne à penser que si l'on obtient, dans cette dernière expérience, la totalité de l'acide cyanhydrique, c'est peut-être parce que l'ébullition a chassé l'air qui se trouve, comme on l'a vu, interposé entre les cellules qui forment les particules de la poudre, tandis que dans la macération ordinaire, même à des températures de 40° ou 50°, l'air n'est pas expulsé et protège les cellules contre l'action du ferment. Mais cette hypothèse n'est pas confirmée par les faits, car alors même qu'on emploie une poudre très fine, qui ne renferme plus aucune cellule intacte et dans laquelle, par conséquent, rien ne s'oppose au contact du ferment et du glucoside, il y a toujours une certaine quantité de glucoside que la macération simple ne suffit pas à décomposer.

On peut encore le démontrer d'une autre façon, en traitant la poudre par l'alcool absolu, à froid, pendant 24 heures, et en faisant ensuite le vide à la trompe. Dans ces conditions, l'émulsine de la poudre n'est pas rendue inactive, mais l'air est entièrement chassé, ce dont on s'assure facilement à l'aide du microscope. Cependant, par la macération aqueuse de la poudre ainsi traitée, on n'obtient pas davantage la totalité de l'acide cyanhydrique, et l'on constate que la quantité obtenue est la même que celle qui se forme par la macération dans les conditions ordinaires. La présence de l'air ne suffit donc pas pour expliquer la nécessité d'ajouter au résidu de la première distillation une certaine quantité de ferment, si l'on veut retirer tout l'acide cyanhydrique que le glucoside peut former.

Dès lors, il ne reste guère, à notre avis, d'autre explication que celle qui consiste à admettre que la petite quantité de glucoside, qui échappe à l'hydrolyse pendant la macération simple, se trouve contenue dans les grains d'amidon eux-mêmes. A froid, ou tout au moins à une température peu élevée, ces grains d'amidon, en raison de leur nature spéciale, ne sont pas pénétrés par le ferment, car ici les conditions diffèrent totalement de celles de la germination des graines, où les grains d'amidon ne sont d'ailleurs attaqués que par l'amylase. Mais l'ébullition les transforme en empois et dissout en même temps le glucoside, qui pourra ensuite être décomposé par une addition ultérieure d'émulsine.

Que les grains d'amidon, qui prennent naissance dans des cellules où s'accumule le glucoside, puissent s'imprégner d'une petite quantité de ce composé, la chose n'a rien d'impossible, puisqu'il entre aussi dans leur composition jusqu'à 1/2 % de substances salines, que l'on trouve par incinération.

§ 4. — **Quantités d'acide cyanhydrique fourni par les différentes variétés de graines.** — Nous appellerons maintenant l'attention sur les quantités d'acide cyanhydrique que l'on peut obtenir avec telle ou telle variété du *Phaseolus lunatus*, en examinant en premier lieu les Haricots de Java qui sont, parmi les graines arrivées dans le commerce, les plus riches en principe cyanogénétique.

Dans nos premiers dosages, communiqués en février dernier à la Société nationale d'Agriculture, nous avions trouvé des quantités qui variaient de 0^{gr}050 à 0^{gr}102 % d'acide cyanhydrique. Depuis lors, de nombreuses graines ont été analysées et récemment encore, nous avons pu prélever dans une trentaine de sacs, pesant chacun une centaine de kilogrammes et provenant d'un même arrivage, des échantillons plus ou moins différents les uns des autres par leurs caractères extérieurs et qui ont présenté des variations considérables dans le taux de l'acide cyanhydrique.

De même que M. KOHN-ABREST (1), nous avions remarqué que, dans un mélange donné, la proportion d'acide cyanhydrique est généralement en rapport avec le nombre relatif, dans le mélange, des graines de telle ou telle couleur (2).

Nous avons déjà cité, dans le Tableau I, les chiffres correspondant aux dix couleurs principales présentées par des graines qui formaient un mélange titrant 0^{gr}115 % d'acide cyanhydrique. Cet échantillon nous avait été remis au commencement de l'année par une grande compagnie parisienne de transports. D'autres échantillons plus pauvres ou plus riches en principe cyanogénétique nous ont donné ensuite des résultats analogues, qu'il serait sans intérêt de rapporter en détail.

Ce qu'il importe surtout de remarquer, c'est que, contrairement à l'opinion de la plupart des auteurs, ce ne sont pas les graines les plus colorées qui sont les plus riches en composé cyanogénétique.

Déjà, dans notre communication à la Société nationale d'Agriculture, nous avions appelé l'attention sur ce fait, en citant comme exemple les chiffres obtenus avec les graines blanches, noires ou autrement colorées, d'un échantillon de Java, dont le mélange titrait 0^{gr}052 % d'acide cyanhydrique. Les graines blanches donnaient le même chiffre que le mélange, les noires seulement 0^{gr}046 et l'ensemble des autres graines colorées 0^{gr}058.

Depuis lors, dans des mélanges titrant respectivement 0^{gr}072, — 0^{gr}115, — 0^{gr}170, — 0^{gr}312 % d'acide cyanhydrique total, les graines blanches, analysées séparément, ont fourni, pour le premier échantillon, 0^{gr}080; pour le second, 0^{gr}083; pour le troisième, 0^{gr}120; pour le quatrième 0^{gr}148 (3).

Dans les deux derniers cas surtout, la proportion de glucoside était donc assez élevée, et, sans marcher de pair avec celle des mélanges de graines, elle

---

(1) Etude chimique sur les graines dites « Pois de Java ». *C. R. Acad. des Sciences*, 5 mars 1906.

(2) Dans les graines colorées, la matière colorante se trouve localisée dans le tégument séminal ; mais cette enveloppe ne contient pas de glucoside cyanhydrique, ainsi que nous l'avons constaté par l'expérience.

(3) Dans des analyses faites récemment à la demande du Parquet, mon collègue M. H. Gautier a trouvé des chiffres analogues pour les graines blanches comparées à l'ensemble des graines constituant les mélanges.

montrait que les mêmes influences avaient agi, aussi bien sur les graines blanches que sur les autres, pour augmenter leur richesse en principe cyano-génétique.

De plus, les chiffres qui précèdent permettent d'apprécier le peu de fonde-ment de l'opinion d'après laquelle les graines blanches seraient toujours pauvres en composé toxique.

Quant aux graines de couleur claire, en particulier celles d'une teinte café au lait avec stries, sur lesquelles nous avons déjà appelé l'attention, leur teneur en principe cyanhydrique s'est toujours montrée supérieure à celle de toutes les autres graines.

Dans l'échantillon qui a fourni les chiffres du Tableau I (colonne IX), elle attei-gnait $0^{gr}190$ %. On conçoit, dès lors, que le nombre relatif de ces graines spé-ciales influe considérablement sur la richesse du mélange. Dans les échantillons les plus pauvres, parmi les Haricots de Java, il n'y en a qu'un très petit nombre ou même pas du tout.

Cette variété de graines peut offrir elle-même, comme les autres, de très notables différences dans la quantité de glucoside. En analysant celles qui fai-saient partie d'un échantillon reçu de Champoly, dans la Loire, où s'était produit l'un des cas d'empoisonnement dont nous avons parlé, nous avons obtenu, dans un premier dosage, $0^{gr}303$ % d'acide cyanhydrique. En choisissant ensuite, parmi ces graines spéciales, celles qui étaient les plus grosses et les moins racornies, nous avons trouvé $0^{gr}399$. Dans d'autres dosages, nous avons obtenu $0^{gr}405$ et $0^{gr}408$ %. En chiffres ronds, ces graines pouvaient donc fournir 4 grammes d'acide cyanhydrique par kilo, tandis que dans l'échantillon du Tableau I, cette même sorte de graines n'en donnait que $1^{gr}90$. Aucun caractère extérieur ne permettait de soupçonner une aussi grande différence.

Dans l'échantillon de Champoly, un poids de 10 grammes de la variété en question comprenait en moyenne 20 graines; chacune d'elles pouvait donc donner $0^{gr}002$ d'acide prussique. Jamais pareil taux d'acide cyanhydrique n'avait encore été rencontré dans aucune graine de *Ph. lunatus*; il dépasse sensiblement celui qu'on obtient ordinairement avec un même poids d'amandes amères, bien que parfois celles-ci en fournissent à peu près la même quantité. Plus récem-ment, dans un même arrivage de Haricots de Java, nous avons trouvé des sacs entiers dont le mélange renfermait une proportion très élevée de ces graines remarquablement riches en glucoside cyanogénétique.

Par conséquent, de même que la teneur en glucoside varie dans les graines suivant la couleur, de même aussi elle peut être variable dans celles qui sont blanches ou qui présentent une même teinte. Ces différences dépendent évidem-ment des conditions de végétation, de la nature du sol, de la culture, etc.

Il résulte de là que, si la couleur des graines fournit certaines indications, celles-ci ne sont qu'approximatives, et, dans la question qui nous occupe, le dosage s'impose dans tous les cas lorsqu'il s'agit des Haricots de Java, dont la culture n'a pas encore modifié les propriétés au même degré que chez la plupart des autres variétés du *Ph. lunatus*.

Aussi bien, tous les chiffres que l'on peut citer relativement aux graines de cette nature ne correspondent-ils qu'à des cas particuliers. Nous ne donnerons donc pas tous les résultats des nombreux dosages que nous avons faits depuis six mois sur des échantillons des plus variés, et il suffira d'indiquer, dans le Tableau suivant, quelques-uns de ceux qui ont été fournis par les Haricots de

Java ayant occasionné les accidents dont il a été précédemment question. Il s'agit ici, bien entendu, des mélanges de graines, tels qu'ils avaient été employés pour l'alimentation des animaux,

TABLEAU III. — Acide cyanhydrique fourni par 100 parties de graines de Java.

1° Graines employées à Paris, plusieurs échantillons.......... $0^{gr}050$ à $0^{gr}130$

2° Graines reçues de Caër, près Evreux :
    1er échantillon...   —   0.097
    2e échantillon..   —   0.170

3° Graines reçues de Maison-du-Val (Meuse) :
    1re échantillon...   —   0.067
    2e échantillon..   —   0.072
    3e échantillon......,...................................   —   0.095

4° Graines venues de Champoly (Loire) :
    1re échantillon...   —   0.078
    2e échantillon...   —   0.230
    3e échantillon...   —   0.312

Le dernier chiffre est le plus élevé de tous ceux qui ont été trouvés jusqu'ici dans les graines de la plante sauvage ou subspontanée. Je rappellerai, en effet, que DAVIDSON et STEVENSON ont obtenu, avec des graines de Maurice, $0^{gr}250$ % d'acide cyanhydrique ; — MM. ROBERTSON et WIJNNE, avec des graines de Java, $0^{gr}210$ % ; — MM. DAMMANN et BEHRENS, avec des graines de même origine, $0^{gr}110$ à $0^{gr}130$ % ; MM. DUNSTAN et HENRY, avec des Haricots bruns de Maurice, $0^{gr}090$ % , avec des Haricots de Maurice plus clairs, $0^{gr}040$ % .

En ce qui concerne les Haricots de Birmanie ou Fèves de Rangoon, nous en avons analysé un certain nombre d'échantillons importés en France par les ports de Marseille et du Havre. Comme on l'a vu précédemment, on en trouve deux sortes dans le commerce, les rouges et les blancs. Dans l'une comme dans l'autre, la quantité d'acide cyanhydrique varie de $0^{gr}010$ à $0^{gr}020$ % ; parfois, elle s'abaisse un peu dans les blancs. Ces Haricots de Birmanie, avec leur teneur assez faible et constante en principe cyanhydrique, paraissent constituer une race fixe et bien distincte.

A ce propos, il y a lieu d'être surpris de trouver, dans l'une des principales publications relatives aux productions coloniales anglaises (1), les assertions suivantes : « Ces deux sortes de Haricots ont été examinés à l'Institut impérial ; on a constaté que la première (les graines blanches) ne donnait *pas du tout* d'acide cyanhydrique, tandis que la seconde (les graines rouges) n'en cédait que des *traces* et ne pouvait pas être nuisible.

« Les Haricots blancs cultivés existent aussi à Java; ils ont été examinés par le Dr TREUB, à Buitenzorg, qui a informé le directeur de l'Institut Impérial qu'il n'en avait pas retiré d'acide cyanhydrique. Des échantillons de graines blanches du *Ph. lunatus*, probablement d'origine américaine, achetés en France, ont été examinés à l'Institut Impérial, et l'on a trouvé qu'elles ne donnaient pas d'acide prussique. »

(1) Poisonous Properties of the Beans of Phaseolus lunatus. *Bull. of the Imperial Institut*, III, n° 4, 373, 1906.

En regard de ces assertions, et sans discuter la question de savoir si les graines des variétés cultivées présentent quelque danger, je dirai simplement que toutes ces variétés ou races du *Ph. lunatus*(1), même les plus améliorées par la culture, m'ont toujours fourni de l'acide cyanhydrique.

Quant aux autres variétés employées couramment dans l'alimentation de l'homme, surtout en Afrique, à Madagascar, dans les deux Amériques, on a vu précédemment que la culture en a fait disparaître en très grande partie le composé vénéneux. Parfois, cependant, quand la plante tend à reprendre les caractères de l'état sauvage, le principe toxique présente une augmentation assez sensible : tel est le cas observé dans les Haricots de Madagascar quand ils ont repris une teinte uniforme plus ou moins foncée.

Nous donnons dans le Tableau IV quelques chiffres relatifs aux différentes variétés ou races autres que les Haricots de Java (2).

TABLEAU IV. — Acide cyanhydrique fourni par 100 parties de graines des principales variétés cultivées.

1° *Haricot de Birmanie* coloré	$0^{gr}010$ à	$0^{gr}020$
— — blanc	0.007	0.019
2° *Haricot du Cap marbré*, cultivé en Provence	—	0.008
cultivé à Madagascar :		
A. — variété à grosses graines blanches, mais avec un cercle rougeâtre autour de l'ombilic (collection du Jardin colonial)	—	0.007
B. — variété à petites graines, entièrement blanches, très aplaties (collection du Jardin colonial)	—	0.017
C. — graines de couleur plus ou moins foncée et uniforme (collection de l'École de pharmacie)	—	0.027
cultivé à la Réunion : graines panachées de rouge ou noir	—	0.009
3° *Haricot de Lima*, blanc ou légèrement verdâtre, cultivé en Provence	—	0.005
— — nombreuses variétés blanches cultivées aux États-Unis	0.003 à	0.010
4° *Haricot de Sieva*, cultivé en Provence		0.004

§ 5. — Action de la chaleur sur les graines. — Dans la relation des cas d'empoisonnement, nous avons vu qu'on avait essayé, à plusieurs reprises, de savoir si les graines étaient rendues inoffensives ou moins dangereuses par la cuisson.

(1) J'ai examiné récemment les graines que l'on désigne, à Maurice et à la Réunion, sous le nom de « Pois d'Achery ». Elles avaient été envoyées de Maurice par M. Boname à M Schribaux, qui a bien voulu m'en remettre un échantillon. Elles ont donné $0^{gr}236$ % d'acide cyanhydrique. A cet échantillon étaient joints deux autres spécimens, l'un formé de graines blanches assez semblables aux Haricots blancs de Java, l'autre composé de graines présentant la grosseur et la forme des Haricots de Birmanie, mais plus renflées et très uniformément colorées en marron. Ces deux échantillons ont fourni de l'acide cyanhydrique, mais comme ils ne pesaient que quelques grammes, le dosage n'en a pas été fait. M. Boname ne les rapportait qu'avec doute au *Ph. lunatus*, mais il est incontestable qu'elles appartenaient bien à cette espèce.

(2) Nous avons fait remarquer précédemment que les Haricots de Java renfermaient ordinairement un très petit nombre de graines étrangères, telles que le *Dolichos Lablab* et le *Mucuna utilis*. Avec la première de ces deux espèces, nous avons obtenu environ 0,005 % d'acide cyanhydrique ; la seconde n'en a pas fourni la moindre trace. La même constatation a été faite, à quelques milligrammes près, sur le *Dolichos*, par M. Walther Leather, qui cite également, comme fournissant une très petite quantité d'acide cyanhydrique le *Phaseolus Mungo*, cultivé en assez grande quantité dans les Indes anglaises et dont quelques graines se rencontrent de temps en temps mélangées aux Haricots de Birmanie. Cette espèce est actuellement importée en France. Nous en avons examiné trois échantillons, dont deux provenaient sûrement d'arrivages différents : aucun d'eux n'a fourni d'acide cyanhydrique, bien que nous ayons opéré chaque fois sur 25 grammes de graines.

Mais, dans les conditions où elles ont été faites, les expériences ne pouvaient fournir que d'assez vagues indications.

Tantôt, en effet, l'on s'est contenté de faire bouillir les graines pendant cinq, dix ou quinze minutes, ou bien d'en soumettre la poudre à l'action de la vapeur à l'autoclave ; tantôt on a laissé macérer les graines et on les a portées à l'ébullition pendant un temps variable, sans se demander, dans aucun cas, quelle avait été l'action de la chaleur sur chacun des deux principes qui interviennent dans la formation de l'acide cyanhydrique, ni dans quelle proportion l'eau froide ou l'eau bouillante pouvait soustraire aux graines leur substance vénéneuse. Il était donc indispensable d'étudier plus soigneusement la question.

A cet effet, les graines ont été soumises, dans des conditions variées, soit à l'action de l'eau bouillante, soit à l'action de la vapeur d'eau à l'autoclave. Toutes les expériences ont été faites avec des Haricots de Java, d'un même lot, qui donnaient de $0^{gr}120$ à $0^{gr}125$ % d'acide cyanhydrique.

A. — Pour la cuisson dans l'eau bouillante, on prenait chaque fois 25 grammes de graines que l'on mettait à tremper dans un ballon, pendant 12, 24, 48 heures ou même plus, dans 100 grammes d'eau pure ou additionnée de 2 grammes de sel (1). Après la macération, on ajoutait encore 400 grammes d'eau et on portait à une ébullition modérée pendant 1 heure, 1 h. 1/2 ou 2 heures. En recueillant les premières parties du liquide bouillant, on pouvait doser l'acide cyanhydrique qui avait pris naissance pendant la macération à froid et celui qui pouvait se former encore, en très petite quantité, avant que le liquide n'entrât en ébullition. Quand celle-ci était terminée, on recherchait, d'une part la quantité de glucoside cyanogénétique que l'eau bouillante avait extraite des graines, d'autre part celle qui restait à leur intérieur.

Les résultats de ces différentes opérations sont consignés dans le Tableau V, où l'on trouvera, d'abord, la proportion d'acide cyanhydrique qui correspond au glucoside enlevé par l'eau froide, puis par l'eau chaude, ensuite celle qui peut être fournie par les graines cuites. Comme on pouvait s'y attendre, ces proportions varient suivant la durée de la macération et de la cuisson.

Par la simple macération dans l'eau pure, à froid, et en y comprenant la petite quantité d'acide cyanhydrique du liquide imprégnant les graines, les Haricots perdent en moyenne, après 24 heures, 1/10 (expériences n⁰ˢ 3 à 8 du Tableau) et après 48 heures, 1/5 de leur principe cyanhydrique (expériences n⁰ˢ 10 à 12). Avec l'eau salée, et dans les mêmes conditions de temps, la perte n'atteint que la moitié de ces chiffres, parce que les graines n'y laissent diffuser, en présence du sel qui modifie l'osmose, qu'une moindre quantité de substance soluble (expériences n⁰ˢ 13 à 18).

Pour savoir quelle était la proportion de glucoside entré en solution dans l'eau de cuisson, on a décomposé celui-ci en ajoutant de la poudre fermentaire (environ 1 gramme) et on a dosé l'acide cyanhydrique formé.

Les chiffres d'acide cyanhydrique obtenus dans ces deux opérations succes-

(1) Le poids des Haricots de Java, au litre, varie de 780 à 820 grammes. En présence d'un excès d'eau distillée pure, à froid, 100 grammes absorbent en 24 heures en moyenne 70 grammes d'eau ; dans l'eau salée à 2/100, le pouvoir absorbant s'abaisse à 60. Le liquide dans lequel baignent les graines contient, outre une certaine quantité d'acide cyanhydrique, des matières sucrées.

Après 2 heures d'ébullition, 100 grammes de Haricots ont absorbé en moyenne 150 grammes d'eau ; par conséquent, 250 grammes de Haricots cuits représentent sensiblement 100 grammes de Haricots crus.

TABLEAU V

NUMÉROS des expériences	DURÉE de la macération	DURÉE de l'ébullition	EAU distillée fournie par la macération et l'ébullition	EAU de cuisson additionnée d'émulsine	TOTAL des deux dosages	HARICOTS broyés et additionnés d'eau pure	HARICOTS broyés et additionnés d'émulsine	TOTAL des deux dosages	TOTAL GÉNÉRAL
	I	II	III	IV	V	VI	VII	VIII	IX
			gr	gr	gr	gr	gr	gr	gr
	A Dans l'eau distillée pure								
1	12h	4h	0.006	0.053	0.059	0.060	0 »	0.060	0.119
2	18 »	4	0.008	0.066	0.074	0.019	0.028	0.047	0.121
3	24 »	4	0.013	0.070	0.083	0.010	0.026	0.036	0.119
4	24 »	4	0.012	0.059	0.071	0.046	0 »	0.046	0.117
5	24 »	4	0.014	0.058	0.072	0.018	0.029	0.047	0.119
6	24 »	4	0.012	0.066	0.078	0.008	0.032	0.040	0.118
7	24 »	4	0.013	0.064	0.077	0.015	0.028	0.043	0.120
8	24 »	4	0.015	0.080	0.095	0.023	0 »	0.023	0.118
9	36 »	2	0.019	0.068	0.087	0.019	0.016	0.035	0.122
10	48 »	4	0.024	0.046	0.090	0.019	0.030	0.030	0.120
11	48 »	1 30	0.026	0.062	0.088	0.034	0 »	0.034	0.122
12	48 »	1 30	0.025	0.074	0.099	0 »	0.019	0.019	0.118
	B Dans l'eau salée (à 2:100)								
13	12 »	4	0 »	0.056	0.056	0.023	0.040	0.063	0.119
14	12 »	4	0.004	0.059	0.059	0.064	0 »	0.064	0.123
15	24 »	4	0.004	0.065	0.069	0.043	0.052	0.055	0.124
16	24 »	1 30	0.004	0.084	0.088	0.025	0.008	0.033	0.121
17	48 »	4	0.012	0.055	0.067	0.036	0.015	0.051	0.118
18	48 »	2	0.013	0.079	0.092	0.028	0 »	0.028	0.120
19	60 »	2	0.012	0.080	0.092	0.023	0.010	0.033	0.125
20	72 »	2 30	0.014	0.085	0.099	0.002	0.022	0.024	0.123

sives donnent un premier total (colonne V du Tableau) qui représente la quantité d'acide cyanhydrique dont on peut débarrasser les graines par l'action successive de l'eau froide et de l'eau bouillante.

Il reste encore à connaître la quantité de principe toxique que les graines cuites ont conservée. En les traitant à plusieurs reprises par de nouvelle eau, à l'ébullition, on dissout chaque fois une nouvelle quantité de glucoside.

Mais, comme dans chacune de ces opérations un équilibre s'établit entre la quantité qui passe dans l'eau et celle qui reste dans la graine, on n'arriverait pas, pour ainsi dire, à enlever aux haricots la totalité du glucoside qu'ils renferment. D'ailleurs, au point de vue pratique, il suffit de se placer dans les conditions ordinaires où l'on fait cuire les graines.

Au premier abord, il semble que, pendant la cuisson dans l'eau bouillante, le ferment qui accompagne le glucoside doive être complètement détruit, même quand l'ébullition n'a duré que 1 heure. Mais il n'en est pas ainsi, car, après ce laps de temps, un grand nombre de graines ne sont pas complètement cuites.

D'autre part, nous avons vu, à propos de l'action de la chaleur sur l'émulsine, que si l'on chauffe de la poudre de Haricot dans l'eau pendant 5 minutes à 75°, le ferment peut encore avoir conservé son activité. Lorsqu'on porte cette même poudre à 79-80°, on constate que les grains d'amidon perdent leurs caractères normaux : après 1/4 d'heure au plus, tous ces grains ont perdu leurs stries concentriques, ils se sont gonflés et transformés en empois. L'émulsine renfermée dans les cellules est alors entièrement détruite.

Il n'en va pas de même avec les graines entières. Après 1 heure d'ébullition, beaucoup d'entre elles montrent, quand on les coupe, des cellules dans lesquelles les grains d'amidon ont conservé tous leurs caractères physiques ; après 1 h. 1/2 et même après 2 heures, le nombre de ces cellules à grains intacts diminue nécessairement ; mais, dans presque toutes les expériences, on trouve encore quelques graines dans lesquelles l'amidon n'est pas transformé en empois, ce qui prouve que la température n'a pas atteint 79-80°. Les graines cornées sont fréquentes dans les Haricots de Java, et l'eau ne pénètre que très difficilement en leur centre. Souvent, après une ébullition plus prolongée que celle qui suffit ordinairement pour une cuisson complète, ces graines résistent encore à la pression entre les doigts. Par ce que nous venons de dire des modifications des grains d'amidon, il est évident qu'elles n'ont pas été portées, tout au moins en leur centre, jusqu'à 79-80°, et, bien que l'on ne puisse apprécier exactement la température qu'elles ont atteinte à leur intérieur, il est admissible *a priori* que cette température n'a pas été suffisante pour tuer le ferment.

Cette hypothèse est confirmée par le résultat que l'on obtient, dans la plupart des cas, en broyant les graines bouillies et en les laissant simplement au contact de l'eau pure pendant vingt-quatre heures : le plus souvent, en effet, leur distillation donne de l'acide cyanhydrique.

Lorsque, dans cette opération, on n'obtient pas d'acide cyanhydrique (expériences nos 1, 4, 8, 11, 14, 18 du Tableau), c'est que tout le ferment a été détruit. En ajoutant alors de l'émulsine aux graines broyées, on dédouble le glucoside qu'elles avaient conservé. Souvent, la quantité de ferment resté actif après la cuisson n'est pas suffisante pour décomposer tout le glucoside de la graine ; l'addition d'émulsine achève alors le dédoublement. Les colonnes VI et VII du Tableau fournissent des exemples de ces deux cas.

Par conséquent, pour retirer tout l'acide cyanhydrique des graines cuites, on a fait deux opérations successives, la première consistant simplement à broyer les graines, à les additionner d'eau pure et à distiller après 24 heures de repos, la seconde à traiter le résidu de cette distillation par de l'émulsine et à le soumettre à une nouvelle distillation. Il va sans dire que la totalité de l'acide cyanhydrique aurait pu être obtenue d'un seul coup, si dans la première opération, on avait ajouté du ferment pour remplacer celui qui pouvait faire partiellement ou totalement défaut. Il a paru plus instructif d'opérer en deux phases successives.

Ces deux opérations sur les graines cuites font donc connaître la quantité d'acide cyanhydrique que peut fournir le glucoside resté à leur intérieur. Cette quantité s'abaisse avec la durée de la cuisson : il suffit, pour en juger, de comparer les chiffres qui, dans le Tableau V, correspondent à une durée de 1 heure ou de 2 heures d'ébullition.

Dans les expériences dont nous donnons les résultats, la cuisson des Haricots a eu lieu dans la même eau. Dans d'autres essais, on changeait l'eau après un certain temps d'ébullition, ce qui permettait d'enlever aux graines une quantité un peu plus grande de leur glucoside ; mais, dans un cas comme dans l'autre, il en reste toujours, comme on l'a fait remarquer, une proportion dont il faut tenir compte, surtout quand il s'agit de graines riches en principe cyanogénétique.

En somme, au point de vue pratique, les conclusions à tirer de cette étude relative à la cuisson des graines entières dans l'eau bouillante sont celles-ci :

1° Par la macération dans l'eau simple, à la température ordinaire, les graines forment une quantité d'acide cyanhydrique qui peut varier, suivant la durée de la macération (12 à 48 heures) de 1/20 à 1/5 au plus de la quantité totale qu'elles sont capables de fournir. Cet acide est expulsé par l'ébullition. Dans l'eau salée à 2 %, il ne se forme, dans le même temps, qu'en proportion moitié moindre.

2° L'ébullition pendant 1 heure des graines macérées leur enlève au moins la moitié de leur glucoside, et, pendant 1 h. 1/2 à 2 heures, environ les 3/4. — La toxicité des graines cuites entières peut donc être grandement atténuée en rejetant l'eau de cuisson. Il va sans dire qu'il n'en est plus de même avec les graines concassées et surtout pulvérisées, que l'eau à l'ébullition transforme en une masse plus ou moins épaisse.

Nous verrons dans un instant le danger que présente l'ingestion de l'eau de cuisson ou celle des graines cuites, alors même que le ferment nécessaire à la formation de l'acide cyanhydrique a été détruit par la chaleur.

Mais, avant d'aborder cette question, nous devons ajouter quelques indications sur l'influence que la vapeur d'eau peut exercer dans l'autoclave sur les graines pulvérisées.

B. — En cherchant un moyen de rendre les Haricots inoffensifs, si possible, MM. DAMMANN et BEHRENS avaient soumis à l'action de la vapeur à l'autoclave, pendant 1/4 d'heure, des graines réduites en poudre. Après ce traitement, la poudre n'avait pas cessé d'être vénéneuse, puisqu'une brebis fut empoisonnée, dans l'espace de 1/2 heure, après en avoir absorbé une demi-livre délayée dans l'eau.

Au lieu d'opérer dans les conditions précédentes, nous nous sommes servi de l'autoclave Radais à vapeur fluente. Dans un large cristallisoir, 20 grammes d'une poudre qui fournissait $0^{gr}110$ à $0^{gr}115$ % d'acide cyanhydrique, ont été étalés en une couche d'environ 2 millimètres d'épaisseur. Deux expériences ont eu lieu en faisant passer la vapeur d'eau, soit pendant 1/4 d'heure, soit pendant 1/2 heure. Au sortir de l'autoclave, la poudre était en grande partie mouillée, surtout à cause des gouttes d'eau condensée qui étaient tombées du couvercle de l'autoclave.

Dans le premier cas, la poudre traitée par l'eau simple et laissée pendant 24 heures à 30° a donné à la distillation $0^{gr}090$ % d'acide cyanhydrique. Après addition d'émulsine de Haricot, elle a fourni encore $0^{gr}018$ % d'acide. Elle avait donc conservé, à l'état actif, une quantité d'émulsine suffisante pour dédoubler plus des 4/5 de son glucoside.

Dans le second cas, les deux dosages successifs donnèrent à peu près des chiffres égaux. La quantité d'émulsine active avait donc diminué, la vapeur condensée ayant apparemment mieux pénétré la poudre.

Deux autres expériences ont été faites ensuite, la première pendant 1/2 heure, la seconde pendant 1 heure, mais en prenant les précautions nécessaires pour éviter que des gouttes d'eau ne vinssent à tomber sur la poudre. Au sortir de l'autoclave, la poudre n'était pas mouillée comme dans les cas précédents, mais seulement un peu agglomérée : elle n'avait été, évidemment, que faiblement pénétrée par la vapeur d'eau. Dans ces conditions, la simple macération de la poudre dans l'eau, sans addition de ferment, suffit à donner autant d'acide cyanhydrique que la graine non chauffée. L'émulsine de la poudre avait donc conservé toute l'activité nécessaire pour dédoubler le glucoside, ce qui n'a pas lieu de surprendre, puisque ce ferment, comme beaucoup d'autres diastases, peut être porté, pendant un certain temps, à sec, à la température de 100° et même plus, sans être détruit.

§ 6. — **Action des ferments du tube digestif.** — Connaissant l'action de la chaleur sur les graines, il importe maintenant de chercher à savoir ce qui se passe dans le tube digestif après leur ingestion.

Dans les conditions ordinaires de la cuisson, il y a très souvent, comme on l'a vu, une partie de l'émulsine qui n'est pas détruite et qui conserve la faculté d'agir sur le glucoside quand les graines écrasées arrivent dans l'estomac, où elles trouvent une température très favorable à cette action. L'acidité du suc gastrique est insuffisante pour l'entraver. L'empoisonnement s'explique dès lors tout aussi facilement que lorsque les graines concassées ou pulvérisées ont été ingérées à l'état cru. L'intoxication peut ainsi être très rapide : c'est ce qui est arrivé dans plusieurs des cas signalés précédemment.

Mais, lorsque l'émulsine a été complètement détruite par la chaleur, la question se pose de savoir si le glucoside trouve dans le tube digestif un ferment qui la remplace.

Jusqu'ici, on ne pouvait guère raisonner que par analogie, en s'appuyant sur quelques expériences faites avec l'amygdaline.

Cl. Bernard (1) a montré jadis que l'acide cyanhydrique peut prendre naissance quand l'amygdaline et l'émulsine sont injectées, même indépendamment l'une de l'autre, dans les vaisseaux sanguins du lapin. Il en est de même, d'après Fubini (2), lorsque l'injection de ces deux substances est faite dans la cavité péritonéale. Mais ce qui nous intéresse plus directement, c'est l'expérience par

(1) Cl. Bernard. Leçons sur les substances toxiques et médicamenteuses, 1857, p. 97.
(2) Fubini. Vélocité d'absorption de la cavité péritonéale. Observations faites avec l'amygdaline et l'émulsine. Arch. ital. de Biol., XIV, 1890-1891, p. 435.

4

laquelle MM. Moriggia et Ossi (1) ont montré que l'amygdaline seule, sans émulsine, introduite par la bouche, est parfois vénéneuse chez les animaux supérieurs, et principalement chez les herbivores.

Cependant, cette dernière observation ne prouve pas d'une façon certaine que l'amygdaline s'était décomposée dans le tube digestif lui-même, car on peut se demander si le dédoublement n'avait pas eu lieu après son passage dans le sang. Toutefois, une expérience plus récente de M. E. Gérard (2) paraît venir à l'appui de la première hypothèse : en faisant agir le contenu de l'intestin grêle du lapin sur l'amygdaline, cet auteur a obtenu la formation de l'acide cyanhydrique.

Il était donc intéressant de chercher à savoir si la phaséolunatine se dédouble dans le sang ou dans le tube digestif et dans quelle partie de ce dernier organe le dédoublement s'opère.

Les expériences faites à ce sujet ont montré que le glucoside se décompose dans le sang, ainsi que dans le tube digestif ; en outre, l'acide cyanhydrique paraît prendre naissance, non dans l'estomac, mais après le passage du glucoside dans l'intestin.

1. — M. le Dr Gley ayant l'obligeance de me remettre du sérum sanguin de chien, ainsi que du sucre pancréatique pur du même animal, j'ai recherché d'abord si le sérum avait une action sur la phaséolunatine en solution dans une décoction de haricots capable de fournir par hydrolyse 0 gr. 20 d'acide cyanhydrique p. 100.

A 5 cc. de sérum on a ajouté 25 cc. de la solution et quelques gouttes de toluène. Le liquide ayant été mis à l'étuve à 37°, la présence de l'acide cyanhydrique dans l'atmosphère du flacon, mise en évidence à l'aide du papier réactif spécial dont il sera question plus loin, s'est manifestée vers la 5e heure. Après 12 heures, l'acide cyanhydrique retiré par la distillation a donné un beau précipité de bleu de Prusse. Même résultat dans une seconde expérience en présence de thymol.

Par conséquent, le sérum sanguin du chien dédouble rapidement le glucoside cyanogénétique du Haricot ; d'où l'on est autorisé à conclure qu'après son arrivée dans le sang, ce glucoside donne naissance à l'acide cyanhydrique.

2. — Pour étudier l'action des ferments digestifs, je me suis servi en premier lieu d'un suc gastrique pur, que M. le Dr Hepp avait bien voulu me remettre et qui avait été retiré de l'estomac du porc à l'aide d'une méthode d'isolement gastrique permettant d'obtenir un liquide sans mélange de bile ni de suc pancréatico-duodénal (3).

A 100 cc. de la décoction de Haricots filtrée et stérilisée, on a ajouté 50 cc. du suc gastrique. Il n'y a pas eu le moindre dédoublement du glucoside, même après un séjour de 48 heures à 37°. Le liquide, additionné d'émulsine de Haricot, a présenté une décomposition totale de la phaséolunatine, ce qui montre, comme on pouvait s'y attendre, que la réaction acide de l'estomac ne fait pas obstacle à l'action de l'émulsine.

Deux échantillons de pepsine, préparée avec soin par M. Portes et dont le titre était respectivement 100 et 400, n'ont pas agi non plus sur la phaséolunatine en milieu acide.

(1) Moriggia et Ossi. L'amygdalina. Sperienze fisio-tossicologiche. *Atti Accad. Lincei*, 1875.
(2) E. Gérard. Sur le dédoublement de l'amygdaline dans l'économie. *Bull. Soc. de Biol.*, 1896, p. 45.
(3) Maurice Hepp. Nouveau procédé d'isolement gastrique pour l'obtention et l'étude de la sécrétion gastrique pure du porc, *Soc. de Biol.*, 15 décembre 1905.

On est donc autorisé à admettre que, dans les cas où les Haricots ingérés n'apportent pas avec eux l'émulsine nécessaire à la formation de l'acide cyanhydrique, ce dernier ne prend pas naissance dans l'estomac, le suc gastrique ne dédoublant pas le glucoside.

Le suc pancréatique pur n'a pas non plus déterminé le dédoublement, mais il a été rendu actif par l'addition de l'une des préparations intestinales dont il va être question.

Bien que le produit pharmaceutique désigné sous le nom de « pancréatine » ne représente pas le suc pancréatique pur, on pouvait pourtant rechercher la façon dont cette pancréatine se comporterait à l'égard du composé cyanogénétique. Celle que j'ai employée répondait aux indications du Codex. En outre, MM. CARRION et HALLION ont eu l'obligeance de me remettre plusieurs produits préparés, sous forme de poudre, avec les muqueuses du duodénum, de l'intestin grêle et du gros intestin du porc, ainsi qu'un suc intestinal stérilisé par filtration à la bougie.

La pancréatine et la poudre duodénale se sont montrées actives sur le glucoside ; mais, pour que leur action se manifestât, il a fallu un temps plus long que celui de la durée de la digestion intestinale. A la dose de 1er pour 25 cc. de la décoction de Haricots, elles ont effectué le dédoublement total du glucoside après 48 heures à 37°[1]. Dans les mêmes conditions, les produits préparés avec l'intestin grêle et le gros intestin ont fourni aussi de l'acide cyanhydrique, mais en quantité très faible.

Au cours de ces essais, une remarque intéressante a été faite au sujet du mélange de pancréatine et de poudre duodénale.

Le pancréas sécrète, comme on sait, des ferments multiples, tels que la trypsine, la lipase, l'amylase et la maltase. M. DELEZENNE [2] a montré que la trypsine est par elle-même inactive sur les albuminoïdes ; mais, en présence du suc intestinal, qui contient un ferment connu, depuis les travaux de PAELOV, sous le nom d'entérokinase, l'action protéolytique de la trypsine est des plus accentuées. L'entérokinase apparaît aujourd'hui comme un ferment dont l'intervention est tout aussi importante pour la digestion trypsique de l'albumine que celle du suc pancréatique lui-même.

Il a été reconnu aussi que la sécrétion entérique exerce de même une action favorisante plus ou moins marquée sur l'amylase et la lipase pancréatiques. Etudiant surtout cette action sur l'amylase, M. POZERSKI [3] a constaté que, si le suc pancréatique possède un pouvoir amylolytique propre, son action est loin d'égaler celle que l'on obtient par son mélange avec le suc intestinal. Le ferment qui active l'amylase diffère de la kinase trypsique ; il se trouve dans toute la longueur de l'intestin grêle, tandis que celle-ci existe surtout dans la partie supérieure de cet organe.

En faisant agir sur le glucoside du Haricot un mélange de pancréatine et de poudre duodénale, nous avons obtenu un résultat beaucoup plus marqué qu'en opérant isolément avec ces deux substances. Bien que les chiffres ne puissent avoir, dans le cas actuel, qu'un intérêt secondaire, pour des raisons faciles à com- .

[1] Elles ont également décomposé l'amygdaline avec formation d'acide cyanhydrique.
[2] C. DELEZENNE. — L'action du suc intestinal dans la digestion tryptique des matières albuminoïdes. *Soc. de Biol.*, 1901, p. 1164. L'entérokinase et l'action favorisante du suc intestinal sur la trypsine dans la série des Vertébrés. *Soc. de Biol.*, 1901, p. 1164.
[3] E. POZERSKI. — De l'action favorisante du suc intestinal sur l'amylase pancréatique. *Soc. de Biol.*, 1902, p. 965.

prendre, nous mentionnerons cependant l'une des expériences relatives à cette question.

On met dans quatre flacons 50 cc. de décoction de Haricots pouvant fournir par dédoublement 0^{gr}011 d'acide cyanhydrique.

Le premier reçoit 1 gramme de pancréatine, le second 1 gramme de poudre duodénale, le troisième 1 gramme de chacune de ces deux substances, le quatrième sert de témoin. Les flacons, additionnés de toluène, sont mis à l'étuve à 37° pendant 24 heures.

Le dosage de l'acide cyanhydrique donna les chiffres suivants : 0^{gr}003 pour le flacon n° 1, — 0^{gr}002 pour le flacon n° 2, — 0^{gr}008 pour le flacon n° 3. Le flacon témoin ne renfermait pas trace d'acide cyanhydrique ; mais, après addition d'émulsine de Haricot, il en fournit 0^{gr}011, c'est-à-dire la quantité totale.

La poudre duodénale, dont il vient d'être question, est celle qui rendait actif, comme on l'a vu, le suc pancréatique pur. Quoique, par elle-même, elle dédoublât le glucoside, le dédoublement était beaucoup plus marqué quand on l'ajoutait au suc pancréatique.

Il semble donc que les sécrétions fournies surtout par le pancréas et le duodénum renferment une enzyme analogue à l'émulsine et qu'en outre cette enzyme, comme les autres ferments du pancréas, est nettement activée par la sécrétion intestinale.

Cependant, nous ne voudrions pas attacher à ces résultats un degré de certitude qu'ils ne comportent pas. Les substances en poudre dont nous nous sommes servi ne représentaient pas, évidemment, les sécrétions naturelles du pancréas et du duodénum. D'autre part, l'étude des processus chimiques intra-intestinaux est d'autant plus complexe et délicate qu'ils sont l'effet de la coopération de fonctions sécrétoires multiples, dont les expériences *in vitro* ne peuvent donner qu'une idée approchée.

Ce qui paraît du moins incontestable dans la question qui nous occupe, c'est que les Haricots bouillis, ainsi que l'eau de cuisson, alors même que la chaleur a détruit l'émulsine qu'ils contenaient, n'en conservent pas moins leurs propriétés vénéneuses, puisqu'ils trouvent dans l'économie le ferment nécessaire à la formation de l'acide cyanhydrique.

§ 7. — Nouveau procédé pour déceler la présence de l'acide cyanhydrique.

— En raison de l'intérêt qu'il y a à mettre, pour ainsi dire, entre toutes les mains, un moyen facile de déceler la présence de l'acide cyanhydrique, nous terminerons cette étude en signalant un procédé nouveau qui nous paraît aussi sûr que sensible.

Il est fondé sur la propriété que possède l'acide cyanhydrique, même en quantité excessivement faible, de donner avec les alcalis et l'acide picrique une coloration rouge intense due à la formation de l'acide isopurpurique, indiquée par HLASIWETZ. Nous avons remarqué que cette coloration, que l'on produit ordinairement en chauffant, se manifeste également à froid après quelques heures. Elle apparaît de même, à la température ordinaire, sur un papier préparé de la façon suivante :

On trempe du papier buvard dans une solution aqueuse d'acide picrique au centième et on le laisse sécher ; puis on l'imprègne de même d'une solution de carbonate de soude au dixième et on le met à sécher de nouveau, si on ne l'emploie de suite. Après dessiccation, il présente une couleur jaune d'or et ~~se~~ conserve ~~parfaitement~~. *Sa sensibilité pendant plusieurs mois*

Une bande de ce papier picro-sodé, suspendue dans un tube à essai ordinaire, bouché après introduction de 1 à 2 centimètres cubes d'un liquide contenant de l'acide cyanhydrique, prend peu à peu une coloration rouge orangé, puis rouge, sous l'influence des vapeurs de ce corps. Suivant la quantité d'acide et la température, la coloration est plus ou moins rapide et intense. Avec 0^{gr}00005 d'acide cyanhydrique, elle est rouge orange après 12 heures environ ; avec 0^{gr}00002, elle est déjà sensible après 24 heures.

Pour appliquer cette réaction à la recherche de l'acide cyanhydrique formé par les Haricots, on en pulvérise quelques grammes, que l'on introduit de préférence dans un très petit ballon avec de l'eau, de façon à former une pâte liquide, et l'on suspend à l'aide du bouchon le papier mouillé dans l'eau et très légèrement essoré. Avec 2 grammes de graines, qui ne donnaient que 0^{gr}015 % d'acide cyanhydrique, la coloration s'est produite du jour au lendemain à la température ordinaire.

Préparé de la façon indiquée, le papier ne se colore en rouge, croyons-nous, qu'en présence de la vapeur d'acide cyanhydrique. Le gaz sulfhydrique, qui donne avec l'acide picrique et les alcalis une coloration rouge due à l'acide picramique, ne le colore pas ; la coloration apparaîtrait s'il était préparé, non avec du carbonate de soude, mais avec une solution d'alcali caustique. La présence d'acide sulfhydrique serait d'ailleurs facile à reconnaître avec un papier à l'acétate de plomb.

Ce papier nous a fourni des indications précieuses dans une foule d'essais où il s'agissait de savoir s'il y avait ou non formation d'acide cyanhydrique. Quand, dans un ballon où l'on fait macérer, soit des graines pulvérisées, soit d'autres substances, le papier ne prend pas une coloration rougeâtre après 24 heures au plus, on peut être à peu près sûr qu'il n'y a pas d'acide cyanhydrique et que la distillation ne permettra pas de mettre ce corps en évidence.

Dans la recherche de traces d'acide cyanhydrique, le papier picro-sodé n'offre pas les inconvénients de celui que l'on prépare avec la teinture de gaïac et le sulfate de cuivre (1). Il a, en outre, l'avantage de conserver pendant assez longtemps, surtout dans une atmosphère légèrement humide, sa coloration rouge caractéristique et, dans une expertise toxicologique, il pourrait servir de pièce à conviction.

§ 8. — **Conclusions générales.** — De l'ensemble des observations et des expériences qui viennent d'être exposées, nous pouvons tirer maintenant quelques conclusions essentielles au point de vue pratique :

1° Toutes les variétés, sauvages ou cultivées, du *Phaseolus lunatus* renferment un principe générateur d'acide cyanhydrique, accompagné d'un ferment qui le décompose toutes les fois que la graine concassée ou pulvérisée est mise au con-

_____

(1) M. Fonzes-Diacon a signalé aussi, pour déceler la présence de l'acide cyanhydrique, l'emploi d'un papier imprégné de sulfate de cuivre, sur lequel on dépose une goutte de gaïacol liquide. On introduit dans un petit ballon le liquide que l'on soupçonne contenir du cyanure ou de l'acide cyanhydrique ; on l'additionne de quelques gouttes d'acide chlorhydrique et l'on chauffe doucement après avoir introduit le papier dans le col du ballon. En présence de l'acide cyanhydrique, la tache formée sur le papier par le gaïacol prend une coloration rouge. ✝

Sans méconnaître l'utilité que peut présenter cette méthode, qui n'est d'ailleurs pas pratique dans le cas des graines, où l'acide cyanhydrique n'est pas préformé, je crois pouvoir dire que,

✝ (*Bull. de Pharm. du Sud-Est. — Montpellier*, 1898, p. 134)

tact de l'eau, à une température n'atteignant pas un degré assez élevé pour détruire le ferment.

2° La proportion d'acide cyanhydrique qui peut se former varie dans des limites excessivement larges. A peine sensible dans certaines variétés améliorées par la culture, elle s'élève d'une façon très notable dans la plante sauvage ou subspontanée et, dans les Haricots de Java, en particulier, nous l'avons trouvée comprise, dans les sacs tels qu'ils avaient été importés, entre 0 ^{gr}060 et 0^{gr}320 %. Ces Haricots constituent le plus souvent des mélanges de graines de couleur très variée, et les différences dans les proportions d'acide cyanhydrique qu'ils fournissent tiennent principalement à la prédominance des graines de telle ou telle couleur, sans qu'on puisse toutefois attacher à ce fait une constance absolue.

3° La cuisson ne peut en aucun cas enlever complètement aux Haricots de Java tout leur composé cyanogénétique. Par une action suffisamment prolongée, l'eau bouillante est capable de soustraire la majeure partie de ce composé; mais elle le dissout sans le détruire, et, si elle est absorbée, elle présente un danger de même nature que celui des graines elles-mêmes.

4° Le danger de cette eau de cuisson, plus grand même que celui des graines cuites quand l'ébullition a duré 1 h. 1/2 à 2 heures, résulte de ce fait que certains ferments du tube digestif ou du sang déterminent la production d'acide cyanhydrique aux dépens du glucoside dissous par l'eau. La même réaction se produit quand on ingère les graines cuites.

On n'oubliera pas que, pour l'homme, la dose d'acide cyanhydrique toxique est d'environ 1 milligramme par kilo du poids du corps. Bien que l'acide cyanhydrique ne soit pas au nombre des poisons qui s'accumulent dans l'organisme, les expériences de PREYER ont montré que celui-ci ne s'habitue pas à l'acide cyanhydrique, mais qu'il y devient au contraire de plus en plus sensible.

5° Les Haricots de Birmanie, rouges ou blancs, actuellement dans le commerce ne paraissent pas avoir occasionné d'accidents. Dans ces deux sortes, le chiffre d'acide cyanhydrique ne semble pas dépasser 0 ^{gr} 020 % .

Mais il importe de ne pas les confondre avec celles des graines de Java qui présentent des teintes analogues, confusion qui pourrait se produire pour un œil peu exercé, surtout avec les graines blanches qui se trouvent ordinairement mélangées aux graines colorées dans les Haricots de Java, et qui même, comme nous l'avons constaté, forment parfois presque exclusivement le contenu de certains sacs expédiés de ce pays.

APPENDICE

A la suite du Rapport que nous avions été chargé de lui présenter, le Conseil supérieur d'Hygiène publique de France, dans sa séance du 29 juillet dernier, a voté les conclusions suivantes:

« Les Haricots ou Pois dits « de Java » doivent être, en raison de la dose toxique d'acide cyanhydrique qu'ils peuvent fournir, proscrits en France de

d'une façon générale, elle est loin d'être aussi sûre et aussi commode que celle que j'ai fait connaître.

Tous ceux d'ailleurs qui, jusqu'ici, ont eu recours à l'emploi du papier picro-sodé en ont reconnu les avantages. A ce sujet, on peut consulter, notamment, une note de M. Vachat, pharmacien-major à l'hôpital militaire Desgenettes, à Lyon (*Bull. de Pharmacie de Lyon*, 1906, n° 6, p. 129).

l'alimentation et, par suite, interdits à l'importation. Ils constituent un produit toxique dont la vente, la mise en vente ou la détention, prévues par les articles 3 et 4 de la loi du 1er août 1905, tombent sous les sanctions édictées par la dite loi.

« Les Haricots ou Pois de Birmanie, dans lesquels la dose d'acide cyanhydrique ne doit pas excéder normalement 20 milligrammes pour 100, peuvent continuer à être importés sous la double condition qu'ils seront accompagnés d'un certificat d'origine et qu'ils seront soumis, dans les laboratoires des douanes, à une analyse justifiant le dosage ci-dessus.

« Les farines de Haricots ou de Pois d'origine exotique ne peuvent être admises qu'aux mêmes conditions. »

L. GUIGNARD.

———— ∽o⋐⋗o⋐ ————

Paris. — Imp. F. Levé, 17, rue Cassette

REVUE
DE
VITICULTURE

ORGANE DE L'AGRICULTURE DES RÉGIONS VITICOLES

PUBLIÉE SOUS LA DIRECTION DE

P. VIALA

Inspecteur Général de la Viticulture,
Professeur de Viticulture à l'Institut National Agronomique,
Membre de la Société Nationale d'Agriculture, Docteur ès sciences.

CONSEIL DE RÉDACTION

Jean Cazelles, Membre du Conseil Supérieur de l'Agriculture, Secrétaire général de la Soc. des Viticulteurs de France.

G. Cazeaux-Cazalet, Député, Président du Comice agricole et viticole de Cadillac (Gironde), Propriétaire-Viticulteur.

R. Chandon de Briailles, Vice-Président de la Société des Viticulteurs de France, Propriétaire-Viticulteur.

Dʳ E. Chanut, Président du Comice agricole de Nuits-Saint-Georges (Côte-d'Or), Propriétaire-Viticulteur.

B. Chauzit, Professeur départemental d'Agriculture et Directeur du Laboratoire agricole du Gard, Propriétaire-Viticulteur.

F. Convert, Professeur d'Économie rurale à l'Institut National agronomique.

U. Gayon, Correspondant de l'Institut, Professeur-Doyen à la Faculté des Sciences de Bordeaux.

P. Gervais, Membre de la Société Nationale d'Agriculture, Membre du Conseil de la Soc. des Agriculteurs de France, Vice-Président de la Soc. des Viticulteurs de France, Prop.-Vitic.

J.-M. Guillon, Directeur de la Station viticole de Cognac.

H. de Lapparent, Inspecteur Général de l'Agriculture, Propriétaire-Viticulteur

A. Müntz, Membre de l'Institut, Professeur-Directeur des Laboratoires à l'Institut National agronomique, Propriétaire-Viticulteur.

Ch. Tallavignes, Inspecteur de l'Agriculture, Propriétaire-Viticulteur.

A. Verneuil, Président du Comice agricole de Saintes, Lauréat de la Prime d'honneur, Propriétaire-Viticulteur.

P. Viala, Inspecteur Général de la Viticulture, Propriétaire-Viticulteur.

Administrateur : G. FLEURY

La *REVUE DE VITICULTURE*, l'organe le plus important et le plus autorisé de la Viticulture française, paraît, à Paris, le Jeudi de chaque semaine. Elle forme, par an, deux magnifiques volumes de 700 à 750 pages chacun, avec **planches en couleur** et nombreuses gravures. Elle publie :

1° Des *Articles de Fond* sur toutes les questions viticoles, économiques et agricoles intéressant les régions viticoles ;

2° Des *Actualités* qui permettent à ses Lecteurs de suivre, dans tous ses détails, le mouvement viticole et agricole ;

3° Une *Revue commerciale* pour tous les vignobles français et pour l'Etranger.

La REVUE DE VITICULTURE répond gratuitement *aux demandes de Renseignements de ses Abonnés ; ses nombreux Services spéciaux lui permettent de faire,* gracieusement, *pour ses Lecteurs, l'analyse du calcaire des terres, l'examen des vins malades, des maladies de la vigne, de l'authenticité des plants de vignes, etc.*

ABONNEMENTS

FRANCE: Un an, 15 fr.; Recouvré à domicile, 15 fr. 50. — UNION POSTALE, 18 fr.
PRIX DU NUMÉRO : 50 centimes.

On peut s'abonner sans frais dans tous les bureaux de poste.

RÉDACTION ET ADMINISTRATION DE LA " REVUE DE VITICULTURE "
PARIS-5ᵉ — 1, Rue Le Goff, 1 — PARIS-5ᵉ
Téléphone Nᵒ 810.32

Paris. — Imprimerie F. Levé, rue Cassette, 17.

www.ingramcontent.com/pod-product-compliance
Lightning Source LLC
Chambersburg PA
CBHW050527210326
41520CB00012B/2470